U0247967

云林石谱

（宋）杜 绾 著
李伟伟 编著

全国百佳图书出版单位
时代出版传媒股份有限公司
黄 山 书 社

图书在版编目(CIP)数据

云林石谱 /（宋）杜绾著；李伟伟编著. — 合肥：黄山书社，2015.7
（古典新读·第1辑，中国古代的生活格调）
ISBN 978-7-5461-5183-0

Ⅰ.①云… Ⅱ.①杜…②李… Ⅲ.①岩石-基本知识 Ⅳ.①P583

中国版本图书馆CIP数据核字（2015）第175613号

云林石谱   （宋）杜绾 著 李伟伟 编著
YUNLIN SHIPU

出 品 人 任耕耘
总 策 划 任耕耘 蒋一谈
执行策划 马 磊
项目总监 高 杨 钟 鸣
内容总监 毛白鸽
编辑统筹 张月阳 王 新
责任编辑 金 红
图文编辑 王 新 任婷婷
装帧设计 王萌萌 李 晶
图片统筹 DuTo Time
出版发行 时代出版传媒股份有限公司（http://www.press-mart.com）
　　　　　黄山书社（http://www.hspress.cn）
地址邮编 安徽省合肥市蜀山区翡翠路1118号出版传媒广场7层 230071
印　　刷 安徽联众印刷有限公司
版　　次 2016 年 3 月第 1 版
印　　次 2016 年 3 月第 1 次印刷
开　　本 710mm×875mm　1/32
字　　数 164千
印　　张 6.75
书　　号 ISBN 978-7-5461-5183-0
定　　价 26.00 元

服务热线　0551-63533706
销售热线　0551-63533761
官方直营书店（http://hsssbook.taobao.com）

—前言—

　　自古以来，中国人就对石头有着特殊的感情。原始社会，石头作为生产工具和武器，在人们的生活中扮演着重要角色。随着社会的进步，人们开始有了精神文化需求，寻求各地的美石、奇石，用来陈设和观赏。石头逐渐脱离了具体的形态，从器用之石转变为性情之石。

　　古代关于石文化的著作颇丰，而以《云林石谱》的载石最完整、内容最丰富。清代编纂的《四库全书》"惟录缩书"，其他石谱"悉削而不载"，足见其权威。清代文学家纪晓岚评价此书："既益于承前，更泽于启后。"

　　《云林石谱》的作者杜绾，字季阳，号"云林居士"，浙江山阴人。他自幼就博览群书，喜欢收集、研究各种

001

奇石，并经名师指点，所以造诣颇深，是我国知名的矿物岩石学家。《云林石谱》大约成书于 1118 年至 1133 年，历时 15 年。全书大约 14000 字，收录了 116 种产自全国各地的石头，并详细记述了它们的产地、颜色、质地、纹理、光泽、体量、用途等。

《云林石谱》分为上、中、下三卷。上卷主要介绍了灵璧石、太湖石和昆山石等珍贵石种，以山水景观石居多，具有"瘦、漏、透、皱"的外形特点。"瘦"即体态玲珑奇巧；"漏、透"就是通透，多孔洞；"皱"是指石头的纹理明显，凹凸不平。

中卷主要记载了以质地、纹理、色彩、声音见长的各种奇石，并阐述了杜绾独特的赏石观。这些奇石的质地坚硬，或光泽绚丽，或晶莹剔透。敲击时发出的声音，有的"铿然有声"，有的"微有声"，有的"声清越"。其颜色也颇为丰富，有白、灰、黑、紫、黄、绿等。此卷还记载了鱼龙石、松化石、石燕等化石类奇石，并对化石的成因进行了探析。他的许多观点在当时都富有极大的创造性。

下卷在品赏奇石的质地、纹理、颜色的同时，重点记述了石头的用处，如巩石、端石、婺源石可以用来做砚台；石州石可用于雕刻印章；宝华石、吉州石、方城石可做器皿。文中还记述了石材开采、雕琢的具体方法。

《云林石谱》成书至今已一千多年，至今仍流传不衰，人们阅读、研究它，公认它是众多赏石著作中最具科学性、实用性、权威性的著作。本书以中华书局 1985 年版《丛书集成初编》为样本，并参考了陈云轶译注的《云林石谱》，对原文加以注释、解读，以图文并茂的形式为读者呈现中国奇石文化之美。由于能力水平有限，本书还存在不足之处，恳请读者批评指正！

原　序 ……………………………… 001

上　卷

灵璧石 ……………………………… 010

青州石 ……………………………… 016

林虑石 ……………………………… 018

太湖石 ……………………………… 019

无为军石 …………………………… 024

临安石 ……………………………… 026

武康石 ……………………………… 029

昆山石 ……………………………… 031

江华石 ……………………………… 034

常山石 ……………………………… 037

开化石 ……………………………… 039

澧州石 ……………………………… 041

英　石 ……………………………… 042

江州石 ……………………………… 045

袁　石 ……………………………… 047

平泉石 ……………………………… 050

兖州石 ……………………………… 052

永康石 …………………………… 053

耒阳石 …………………………… 055

襄阳石 …………………………… 056

镇江石 …………………………… 057

苏氏排衙石 ……………………… 059

仇池石 …………………………… 061

清溪石 …………………………… 062

刑　石 …………………………… 063

卢溪石 …………………………… 064

排衙石 …………………………… 065

品　石 …………………………… 066

永州石 …………………………… 068

石　笋 …………………………… 070

袭庆石 …………………………… 072

峄山石 …………………………… 073

卞山石 ……………………… 074

涵碧石 ……………………… 077

吉州石 ……………………… 078

全州石 ……………………… 079

何君石 ……………………… 080

蜀潭石 ……………………… 081

洪岩石 ……………………… 082

韶　石 ……………………… 084

萍乡石 ……………………… 085

修口石 ……………………… 087

中　卷

鱼龙石 ……………………… 090

莱　石 ……………………… 093

虢　石 ……………………… 095

阶　石 ……………………… 097

登州石 ……………………… 098

松化石 ……………………… 099

穿心石 ……………………… 101

洛河石 ……………………… 104

零陵石燕 …………………… 105

梨园石 ……………………… 107

西蜀石 ………………………………… 108

玛瑙石 ………………………………… 110

奉化石 ………………………………… 112

吉州石 ………………………………… 113

金华石 ………………………………… 113

松滋石 ………………………………… 115

菩萨石 ………………………………… 116

于阗石 ………………………………… 118

黄州石 ………………………………… 121

华严石 ………………………………… 122

白马寺石 ……………………………… 124

密　石 ………………………………… 126

河州石 ………………………………… 128

祈阇石 ………………………………… 129

紫金石 ···································· 130

绛州石 ···································· 132

蛮溪石 ···································· 133

箭镞石 ···································· 135

上犹石 ···································· 137

螺子石 ···································· 138

下 卷

柏子玛瑙石 ························· 142

宝华石 ···································· 144

石州石 ···································· 145

巩　石 ···································· 146

燕山石 ···································· 147

桃花石 ···································· 149

端　石 ···································· 150

小湘石 ···································· 155

婺源石 ···································· 157

通远石 ···································· 160

六合石 ···································· 161

兰州石 ···································· 162

方山石 ···································· 166

鹦鹉石 ···································· 167

红丝石 ···································· 168

石　绿……………………………170

泗　石……………………………171

矾　石……………………………172

建州石……………………………173

汝州石……………………………174

钟　乳……………………………176

饭　石……………………………179

墨玉石……………………………180

南剑石……………………………182

石　镜……………………………183

琅玕石……………………………184

菜叶石……………………………185

沧州石……………………………186

方城石……………………………187

登州石……………………………188

玉山石……………………………190

雪浪石……………………………191

杭　石……………………………193

大沱石……………………………195

青州石……………………………198

龙牙石……………………………199

石棋子……………………………200

分宜石……………………………201

浮光石……………………………202

原　序

　　天地至精之气，结而为石。负土而出，状为奇怪，或岩窦透漏，峰岭层棱。凡弃掷于娲炼①之余，遁逃于秦鞭②之后者，其类不一。至有鹊飞而得印③，鳖化而衔题④。叱羊射虎⑤，挺质之尚存；翔雁鸣鱼，类形之可验。怪或出于《禹贡》，异或陨于宋都。物象宛然，得于仿佛，虽一拳之多，而能蕴千岩之秀。大可列于园馆，小或置于几案，如观嵩少⑥，而面龟蒙⑦，坐生清思。故平泉之珍，秘于德裕⑧，扶余之宝，进于武宗⑨，皆石之瑰奇宜可爱者。然人之好尚，故自不同。叶公之好龙⑩，支遁之好马⑪，卫懿公之好鹤⑫，王右军之好鹅⑬，齐王之好竽⑭，阮籍之好锻⑮，虽所好自异，然无所据依，殆无足取。圣人尝曰："仁者乐山⑯。"好石乃乐山之意，盖所谓静而寿者，有得于此，窃尝谓陆羽之于茶⑰，杜康之于酒⑱，戴凯之于竹⑲，苏太古之于文房四宝⑳，欧阳永叔之于牡丹㉑，蔡君谟之于荔枝㉒，亦皆有谱，惟石独无，为可恨也。云林居士杜季阳，盖尝采其瑰异，第其流品，载都邑之所出，而润燥者有别，秀质者有辩，书于简编，其谱宜可传也。且曰：幅员之至远，闻见或遗，山经地志㉓，未能淹该遍览，尚俟访求，当附益之。居士实草堂㉔先生之裔，大丞相祁国公㉕之孙。予尝闻之，诗史有"水落鱼龙夜"㉖之句，盖尝游长沙湘乡之山，鱼龙蛰土，化而为石，工部固尝形容于诗矣。读是谱者，知居士之好古博雅，克绍㉗于余风㉘，不忘于著录云。

时宋绍兴癸丑㉙夏五月望日㉚，阙里㉛孔传㉜题。

【注释】

①娲炼：指的是女娲炼石补天的传说，出自《淮南子·览冥训》。传说上古时期，支撑天顶的四根柱子折断了，于是天塌地陷，地上一片火海，洪水肆虐，猛兽横行，百姓受苦不迭。女娲见此情景，就以五色石补天，并砍断巨龟的腿重新把天支撑起来。于是天下

太平，百姓又得以安居乐业。

②秦鞭：这个传说出自晋伏琛的《三齐要略》。相传秦始皇想跨过大海去日出之处看看，有位神仙声称自己能驱赶石头下海。神仙吆喝一声，所有的石头就开始向东移动，好像要随神仙而去。神仙嫌石头移动得太慢，便用鞭子抽打，石头上渗出了血，遍体赤红，无法消退。

③鹊飞而得印：这个传说出自晋干宝的《搜神记》。相传张颢在常山（今河北正定）当梁州牧的时候，发生了一件怪事。有一只鸟雀从天上坠落，竟然变成一枚圆石。张颢得到圆石，打碎之后发现里面是一枚金黄色印章，上面刻着"忠孝侯印"四个字。张颢将印章献给朝廷，当时的议郎樊衡夷说："上古尧舜时就有忠孝侯这个官职，现在突然出现了这样一方印章，那就需要重新设置这个职位。"后来张颢官升太尉。后人认为出现"鹊石"就预示着官员要升迁。

《伏羲女娲图》佚名（唐）

④鳖化而衔题：据《云仙杂记》记载：唐代的高郢每天都刻苦读书，准备参加科举考试。有一天，正当他埋头读书的时候，忽然在书案上出现了一只鳖。高郢定睛一看，原来是块石头。他感到很奇怪，便取了很多小纸条，写了上千条题目放入箱子里，让那只石鳖去取纸条，以此来预测考试的题目。石鳖选择了一张纸条，题目是"沙洲独鸟赋"。结果，那年科举考试的题目果然是"沙洲独鸟赋"，于是高郢金榜题名。

⑤叱羊射虎：叱羊，出自晋葛洪的《神仙传·黄初平》。书中说有

河南嵩山（图片提供：微图）

位道士发现牧羊人黄初平慈眉善目，具有修道的天资，于是就带他入山修炼。黄初平的哥哥黄初起很久都没见到弟弟，就进山寻找，终于在山上找到黄初平，问道："你当初放牧的那些羊都到哪去了？"黄初平答道："羊儿都在山的东面吃草啊。"黄初起去察看，却一只羊也没看到，只有许多白色的石头。他回去对弟弟说："那里并没有羊啊。"黄初平说："羊都在，只是你看不见罢了。"于是他带着哥哥去察看，到了以后，呵斥一声，地上的白石都变成了羊。射虎，指的是西汉名将李广射虎的故事，出自《史记·李将军列传》："（李）广出猎，见草中石，以为虎而射之，中石没镞，视之，石也。因复更射之，终不能复入石矣。"

⑥嵩少：指五岳的中岳嵩山，位于河南省登封市的西北部。嵩山群山耸立，峻峰奇异，由太室山和少室山两组山峰组成。主峰峻极峰高1491.7米。最高峰连天峰，高1512米。嵩山号称中原第一名山，历史上曾经有30多位皇帝、150多位著名文人登临这里。

⑦龟蒙：指的是蒙山，也就是东蒙，海拔1156米，主峰为龟蒙顶。

⑧平泉之珍，秘于德裕：德裕，指唐代著名宰相李德裕（787—850），赵郡赞皇（今河北赞皇县）人。在唐文宗和唐武宗年间时，他两度出任宰相，执政期间功绩显赫。唐宣宗即位后，李德裕由于功高盖主被贬。李德裕曾在河南洛阳建平泉庄别墅，遍植奇花

异草，广集珍木怪石。

⑨扶余之宝，进于武宗：扶余，东北古国名，位于松花江流域，其历史悠久，是中国东北地区第一个地方民族政权，在历史上和中原来往密切。

⑩叶公之好龙：出自汉朝刘向的《新序·杂事五》。古时候，有一个人叫叶公，他爱龙成癖，身上穿的衣服，用的酒杯，家中墙壁上都是龙的图案。天上的真龙知道后，就去看叶公。叶公一看见真龙，大惊失色，吓得落荒而逃。这个典故讽刺了名不副实、表里不一的叶公式人物。

⑪之遁之好马：之遁（314—366），东晋时期的著名僧人、文学家。据《世说新语》记载，"支道林常养数匹马。或言'道人蓄马不韵'。支曰：'贫道重其神骏'"。说的是支遁口上说喜欢马，而实际上对马则并不感兴趣。

⑫卫懿公之好鹤：卫懿公是卫惠公之子，卫国的第18代国君，前668年至前660年在位。他喜欢鹤，人们称他为"鹤将军"。

⑬王右军之好鹅：王右军就是王羲之（321—379），我国东晋时期著名的书法家，因为他官至右军将军，又被称为"王右军"。据《晋书》记载，王羲之非常喜欢鹅。山阴有一位道士，养了许多鹅。王羲之听闻后，便前去观看。他想把鹅全都买下来。道士说道："你为我写一遍《道德经》，我就把鹅都送给你。"王羲之欣然答应，经书写毕，笼鹅而归。

⑭齐王之好竽：齐王，指齐宣王。《韩非子·内储说上》中记载：齐宣王喜欢听众人一起吹竽，于是不会吹竽的南郭处士就混在众人中凑数。齐宣王死后，齐愍王即位，他喜欢听独奏。南郭先生得知这个消息后，便落荒而逃了。

⑮阮籍之好锻：文中指的是嵇康好锻。《册府元龟》记载，晋代嵇康喜欢打铁，他的宅前有一个水池，池的四周种有柳树，嵇康就常常在水池边的柳树下打铁。

⑯仁者乐山：意思是仁爱的人喜爱山，用来比喻仁爱的人好似山一样宽容仁厚，沉稳坚定。孔子在《论语·雍也》中说："智者乐水，仁者乐山。"

⑰陆羽之于茶：陆羽（733—804），字鸿渐，号"茶山御史"，我国唐代著名的茶学专家。他长年调查研究茶叶，亲自栽培茶树、加工茶叶，并精于茶道。他所著的《茶经》是世界第一部茶叶专著，对中国和世界茶业发展作出了卓越贡献，被后人尊为"茶圣"。

⑱杜康之于酒：传说杜康最早发明了中国的粮食酒，奠定了我国白

酒制造的基础，后人尊称他为"酒圣"。

⑲戴凯之于竹：戴凯之，字庆预，南朝刘宋时武昌（今湖北省鄂州市）人，我国古代著名的植物学家。曾经在南康（今江西省赣州市）当宰相，他所著的《竹谱》是我国最早的竹类植物专著。

⑳苏太古之于文房四宝：苏太古就是苏易简（958—997），字太简，梓州铜山（今属四川）人。他博学多识，有很多著作，如《文房四谱》、《续翰林志》等。他还善于书法，传世作品有《家摹本兰亭》。

㉑欧阳永叔之于牡丹：欧阳永叔就是欧阳修（1007—1072），字永叔，吉州永丰（今江西省吉安市永丰县）人，北宋政治家、文学家。欧阳修开创了宋代文学的一代文风，发展了韩愈的古文理论。他尤其擅长创作散文，与韩愈、柳宗元、苏轼、苏洵、苏辙、王安石、曾巩一起被世人称为"唐宋散文八大家"。欧阳修特别喜爱牡丹，曾经写下《洛阳牡丹记》，书中详细介绍了洛阳牡丹的栽培、种植、花期及习俗等。

㉒蔡君谟之于荔枝：蔡君谟就是蔡襄（1012—1067），字君谟，北宋著名书法家、政治家。其为人忠厚，学识渊博，书艺高深，与苏轼、黄庭坚、米芾合称"宋四家"。此外，他还编著了《荔枝谱》，后世推为第一。

㉓山经地志：文中指的是《山海经》和《禹贡》。《山海经》是我国带有神话色彩的一本奇书。全书共18卷，主要记述了古代地理、医药、神话、民族、宗教和矿物等内容。《禹贡》出自《尚书》，主要讲述了大禹时代（约前21世纪）治水的过程，还有当时各地的地形、河流、道路、物产等情况，很是详尽。

㉔草堂：指的是唐代诗人杜甫（712—770）。759年，为躲避战乱，杜甫携家眷来到四川成都，新建茅屋用来居住，这个茅屋就被称为"成都草堂"。

㉕祁国公：杜衍（978—1057），字世昌，越州山阴（今浙江绍兴）人，北宋时期的大臣。

㉖诗史有"水落鱼龙夜"：诗史，指杜甫的诗歌。"水落鱼龙夜"出自杜甫《秦州杂诗二十首》："水落鱼龙夜，山空鸟鼠秋。西征问烽火，心折此淹留。"

㉗克绍：继承的意思。

㉘余风：指的是以前流传下来的习俗和风范等。

㉙宋绍兴癸丑：绍兴是南宋赵构的年号，赵构在位时间是1131—1162年。文中的"宋绍兴癸丑"指的是1133年。

㉚望日：古人根据天上有无月亮和月亮的圆缺来记月，称为"晦、

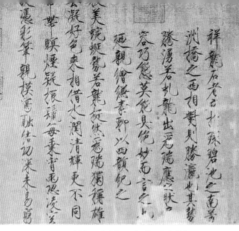

《祥龙石图卷》赵佶（北宋）

　　朔、弦、望"。晦是月终；朔是农历初一；弦分上弦（农历每月的
　　初七、初八）、下弦（农历每月二十四、二十五）；望就是农历每月
　　的十五。
㉛阙（què）里：传说中孔子教授学生的房屋。
㉜孔传：原名若古，字世文，仙源县（今山东曲阜）人，孔子的第
　　四十七代孙。他有很多著作，如《东家杂记》、《杉溪集》等。

【解读】

　　神态各异的奇石是天地间的灵气凝结形成的，有的孔洞相互
连通，有的如同层峦叠嶂的山峰。关于奇石，有许多古老的传说。
例如，女娲以石补天、秦始皇鞭石、鹊飞而得印、鳖化而衔题，
以及黄初平叱石为羊、李广夜射石虎等。这些奇石都形象逼真，
宛然如生，蕴含着万千灵气。天下奇石形态各异，大的可以置于
园林庭院中，小的则可以陈列案头。面对它们的时候，就像登上
了少室山、龟蒙顶，顿时感到心旷神怡。因此，唐代宰相李德裕
就把各种奇石珍藏在平泉别墅，以便随时观赏。人们的喜好千差
万别，例如，叶公好龙、支遁喜马、卫懿公爱鹤、王羲之好鹅、
齐王好听竽、嵇康好炼铁。但是这些爱好大多传为趣闻逸事，真
实性有待考证，所以无法效仿。孔子曾说："仁者乐山"，"静
而寿"。而赏石正符合"乐山"精神。

为《云林石谱》作序的孔传认为，陆羽精于茶、杜康善酿酒、戴凯之爱竹、苏太古喜文房四宝、欧阳修喜牡丹、蔡君谟喜荔枝，并且都写了专门的著作。令人遗憾的是，没有人为奇石编谱。于是杜绾亲自搜集、研究各种奇石，分门别类，汇集成册，写成了传世名著——《云林石谱》。当然，天下之大，幅员辽阔，而一个人的见闻毕竟有限，所以《云林石谱》也有其局限性，需要不断地补充。

《云林石谱》的创作，与当时的社会风尚不无关系。隋唐到两宋期间，社会经济得到较快发展，百姓的生活水平也有所提高。人们的物质生活富足了，便开始追求更高层次的精神生活，寻求心灵的自由与解放。人们追求享乐，欢歌宴饮、栽花养鱼、把玩古董、游览山水等成为当时普遍的社会现象。这些行为不仅是日常生活的组成，更成为评判人们生活质量和品味情趣的重要衡量标准。在这种形势下，涌现出许多艺术作品，诸如蔡君谟的《荔枝谱》、戴凯之的《竹谱》、苏太古的《文房四谱》和杜绾的《云林石谱》等。这些作品系统地总结了前人的经验，真实地反映了当时的社会生活和民众心态。

杜绾好古博雅，家学深厚。他不仅喜爱搜罗、观赏和收藏奇石，还对奇石进行了深入细致的研究，挖掘石头中的历史、文化气息，系统总结了前人对奇石的认识，并创立了科学的赏石观。

《四库全书》的总目提要中精辟地评价了《云林石谱》的重大意义："是书汇载石品凡一百一十有六，各具出产之地，采取之法，详其形状色泽，而第其高下。然如端溪之类兼及砚材，浮光之类兼及器用之材质，不但谱假山清玩也。"

上
卷

灵璧石

宿州灵璧县①，地名磬石山②。石产土中，采取岁久，穴深数丈。其质为赤泥渍满，土人多以铁刃遍刮三两次，既露石色，即以黄蓓③帚或竹帚兼磁末刷治清润，扣之铿然有声。石底渍土有不能尽去者，度其顿放，即为向背。石在土中，随其大小，具体而生，或成物象，或成峰峦，巉岩透空，其状妙有宛转之势。亦有窒塞，及质偏朴，若欲成云、气、日、月、佛像，及状四时之景，须藉斧凿修治磨砻④，以全其美。大抵只一两面，或三四面，若四面全者，百无一二。或有得四面者，多是石磉⑤石尖，择其奇巧处镌取，治其底。顷岁，灵璧张氏兰皋⑥，亭列巧石颇多，各高一二丈许，峰峦岩窦，嵌空具美，然亦只三两面，背亦著土。又有一种，石理嶙峋若胡桃壳纹，其色稍黑，大者高二三尺，小者尺余，或如拳大，坡陀拽脚⑦，如大山势，鲜有高峰岩窦。又有一种，产新坑黄泥沟，峰峦嵌空，极其奇巧，亦须刮治，扣之，稍有声，但石色清淡，稍燥软，易于人为，不若磬山清润而坚。此石宜避风日，若露处日久，色即转白，声亦随减。书所谓"泗滨浮磬"是也⑧。

【注释】

①宿州：809年，唐宪宗将徐州的符离县、蕲县、临涣县和虹县划为"宿州"，属河南道，也就是现在的安徽省宿州市。灵璧县：最早建县于1086年，现在的安徽省灵璧县。

②磬（qìng）石山：指安徽省灵璧县的山，《太平寰宇记》中记载："盘石山在县西南八十里。"

③黄蓓：一种草，适合制作扫帚。

④磨砻（lóng）：也写成"磨垄"，意思是磨治、磨炼。中国现代文学家郭沫若在《赠朝鲜同志》中说："江山锦绣三千里，宝剑磨砻十万横。"

⑤碏（què）：石杂色。唐代诗人褚载在《移石》中说："浪浸多年苔色在，洗采今日碏痕深。"

⑥张氏兰皋：张氏，指的是张次立（1056—1063），曾当过殿中丞。宋代文学家苏轼曾以《丑石风竹图》换得张氏园林中的一块灵璧石，并撰文《灵璧张氏园亭记》以作纪念。

⑦坡陀（tuó）：石头不平，道路曲折盘旋。拽脚：指的是山路蜿蜒，从山脚一直延伸到山顶。

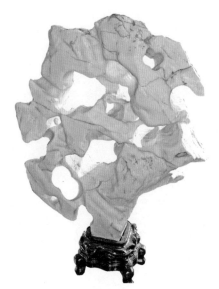

白灵璧石

⑧书所谓"泗滨浮磬"是也："书"指的是《尚书》。"泗滨浮磬"
 意思是泗水边上可以做磬的石头。磬，古代一种石制乐器。编磬
 用的石料，以古徐州的泗滨浮磬质地最好。

【解读】

　　灵璧石是我国古代四大玩石（灵璧石、太湖石、英石、黄蜡
石）之一。《云林石谱》中收集了116种石品，将灵璧石列为首
位，可见其重要程度。杜绾根据见闻，对灵璧石的产地、开采、
质地、色泽、体量、石音以及观赏和陈列都作了详尽的记述。

　　灵璧石产于宿州灵璧县磬石山，石质细腻、温润、光滑，颜色
以墨黑色为主，夹杂着白色脉络。其性质稳定，长久放置也不易风
化，具有瘦、皱、声、清、秀等特点，观赏价值较高。宋代著名诗
人方岩就由衷地赞叹："灵璧一石天下奇，声如青铜色如玉。"

灵璧石的开采历史久远，宋代时的采石坑道就已经非常深了。刚开采出来的灵璧石上通常都覆盖着红泥，需要用铁片刮两三次才能露出石色。然后需用竹子或黄蓓做成的扫帚加上瓷末仔细刷洗，使石头的光泽显露出来。用手敲击石头，能发出铿锵的声音。石头底部的积土很难清理干净，所以加工的时候要考虑其摆放位置，区分好正面和背面。

灵璧石的大小和形状差异很大，有的像山脉，有的像危石，轻灵空透，变化多端。如果想得到云气、日月和佛像等形状，就必须进行人工的修饰打磨。大多数灵璧石只有一两面具有观赏价

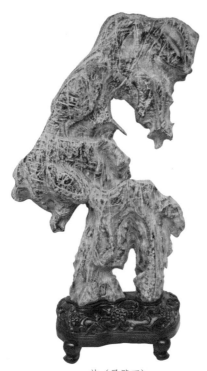

韵（灵璧石）

北京北海公园中的艮岳遗石

值，三四面的已然少见，而四面完好皆成景致的则极为稀有。宋代灵璧县张次立家的花园里陈列了很多灵璧石，大多只是两三面完好，背面也有积土。这些灵璧石形态各异，有一种纹理交错、色泽发黑，就像核桃壳上的纹路；有的如拳头大小，表面高低不平，纹理曲折回旋；还有一种产自黄泥沟新坑的灵璧石，质地发燥发软，色泽清澈淡远，石上布有巧妙的孔洞，敲击时会发出沉闷的响声。由于其质地松软，所以很容易雕琢打磨。这种石头不如磐石山出产的灵璧石质地坚硬、清润有泽。而且它很容易"褪色"，适宜放置在阴凉背风处。

唐宋时期，赏石成为社会风尚，以灵璧石的玩赏最为常见。最初灵璧石用作修筑假山，或是当做礼物馈赠亲友。后来在大学士苏轼和书法家米芾等文人雅士的推动下，灵璧石的名气大涨，被推为"天下第一石"。

历代品赏奇石，以灵璧石最受青睐。历史上的很多名人都热衷于收藏灵璧石。例如，苏轼收藏"小蓬莱"、李煜独爱"灵璧研山"、赵孟頫尤喜"五老峰"等。许多名园巨苑中都有灵璧石的身影。宋徽宗所建的艮岳大量采用灵璧石。北海公园琼华岛正觉殿、普安殿旁的假山，也有许多灵璧石散叠其中。故宫颐和园中，灵璧石也多处可见。在苏州网师园的"看书读画轩"和"冷泉亭"里陈列的灵璧石，堪称精品。

苏州网师园冷泉亭内的灵璧石

青州石

青州①石产之土中，大者数尺，小亦尺余，或大如拳，细碎磊魂②，皆未成物状。在穴中性颇软，见风即劲，凡采时易脆，不宜经风。其质玲珑，窍眼百倍于他石，眼中多为软土充塞，徐以竹枝洗涤净尽，宛转通透，无峰峦峭拔势。石色带紫，微燥，扣之有声。土人以石药粘缀四面取巧，像云气、枯木、怪石敧③侧之状。

【注释】

①青州：我国古代的九州之一，范围大概是现在的泰山以东至渤海的区域。

②磊魂（kuǐ）：也写成"垒块"，形容大大小小的石块层层叠叠堆积在一起。元朝的王怀在《拊掌录》中说："其妻方讶夫之回疾，视其行李，但见二、三布囊，磊魂然，铿铿有声。"泛指山石高而险，也用来比喻郁结在胸中的不平之气。

③敧（qī）侧：倾斜、歪斜。

【解读】

青州石大约形成于古生代寒武纪，主产地是山东省青州市。青州石的质地细腻，微燥，扣之有声。其石色丰富，主要呈灰色、

龙盘雪崖（博山文石，青州石的一种）

棕色和黑色等颜色。大块青州石可以高达数米，小的仅有拳头大
小。青州石的造型具有瘦、透、漏、皱的特点，石形玲珑剔透、千
奇百怪。杜绾称，当时人们用矾、松香和白芨之类的"石药"，制
成奇巧、美观的造型，或像云气，或像枯木，或像倾斜的怪石，
产生"四面取巧"的效果。

　　青州石深埋于泥土之中，没有挖掘出来的时候质地很软，只
要遇到空气就会变硬，不容易挖掘。青州石的孔洞较多，里面多
积存软土，需用水冲洗，再用竹签或细毛刷清除干净，就可以显
露出本色。

　　杜绾在《云林石谱》中把青州石排在第二位，与《尚书·禹
贡》中记载青州产怪石有很大关系。青州石的玩赏历史悠久，清
代文人沈心爱石成痴，所著的《怪石录》中称："尽青州之城，
余来官署，得详诸石出处及之色文理，迥非凡品。"详细记录了
他寻访青州石的所见所闻。

林虑石

　　相州①林虑石，产交口土中，其质坚润，扣之有声。多倒生向下，垂如钟乳，然天成。錾②去粗石，留石座，峰峦秀拔，如载山一座。亦有成物状者，石色甚碧。曾贡入内府③，有蓝关、苍虬、洞天等名，凡十余品，各高数寸，甚奇异。又有一种，色稍斑而微黑，稍有土渍，易于洗涤。有大山势，四面徘徊，惟背稍着土，千岩万壑，峰峦迤逦，颇多嵌空洞穴，宛转相通，不假人为，至有中虚可施香烬，静而视之，若烟云出没岩岫间。此石因崇宁④间方士⑤相视地脉，偶得之，大不逾三两尺，至于拳大，奇巧百怪。

【注释】

①相州：今河南安阳，最早设立于北魏时期，分冀州设相州。

②錾（zàn）：用于雕琢金石的小凿子。

③内府：古代官廷内监管制造器具的部门。

④崇宁：北宋徽宗的年号，1102—1106年。

⑤方士：就是方术士。古代的方士主要工作就是修炼丹药以求长生不老，后来"方士"也泛指从事医、卜、星、相类职业的人。

　　林虑石出产于河南安阳林州，质地坚硬，敲击时能发出声音。
林虑石的形状奇特，如同倒悬的钟乳石，自然天成。石匠将其外层
的粗石凿去，留下石座，就像一座峰峦秀拔的小山。也有其他象
形的石头，颜色碧绿，曾经作为贡品进献给宫廷，有"蓝关"、
"苍虬"、"洞天"等十多个品种名号，都高数寸，状貌独特。
还有一种林虑石，色泽微黑带有斑点，土渍较多，不过很容易清
洗干净。其形状如同千岩万壑、峰峦叠嶂的山峰。这种石头带有
很多洞穴，宛转相通，不需修饰就十分引人入胜。这些洞穴中，
大的可以直接放下香炉，静静观赏，似乎云烟缭绕在群峰之间。

　　相传林虑石是在崇宁年间由风水先生看地脉时偶然发现的。
历史上，由于林虑石的产地长期处于战乱之中，所以开采起来十
分不易，产出极少。

太湖石

　　平江府①太湖石，产洞庭②水中，性坚而润，
有嵌空穿眼宛转险怪势。一种色白，一种色青而
黑，一种微青。其质文理纵横，笼络隐起，于石
面遍多坳坎，盖因风浪冲激而成，谓之"弹子

窝"。扣之，微有声。采人携锤錾入深水中，颇艰辛。度其奇巧取凿，贯以巨索，浮大舟，设木架，绞而出之。其间稍有巉③岩特势，则就加镌砻取巧，复沉水中，经久，为风水冲刷，石理如生。此石最高有三五丈，低不逾十数尺，间有尺余。惟宜植立轩槛，装治假山，或罗列园林广榭④中，颇多伟观，鲜有小巧可置几案间者。

【注释】

①平江府：江苏省苏州市。

②洞庭：古代文献中所说的"洞庭"是代指湖水，现在人们说"洞庭"则专指湖南省的洞庭湖。此外，洞庭还指太湖，湖中有东西两座山。

③巉（chán）：形容山势高峻。

④榭（xiè）：指建在水面或高土台上的房屋。

【解读】

太湖石又称"假山石"、"洞庭石"，是一种石灰岩。主要产于江苏省太湖地区的禹期山、鼋山、洞庭山一带。太湖石分为旱石和水石两种，旱石产自山上，枯而不润。水石产自水中，质地坚硬润泽，纹理纵横，孔洞相连。太湖石尤以造型取胜，形态各异，具有"瘦、皱、漏、透"的审美特征。太湖石的颜色以白色为主，黄色、青黑色的较为少见。在石头的表面有许多凹凸不平的坑，是水浪长时间冲刷所形成的，俗称"弹窝"，敲击时会发出清脆的响声。

上海豫园的玉玲珑

　　该石四面八方洞洞通窍，一孔汪水，孔孔出水，仅焚香于一孔，上下孔孔冒烟，可见其奇巧无比。该石为江南园林三大名石之一，艮岳旧物。

苏州狮子林狮子峰

　　狮子峰位于狮子林大假山顶上，该石跌宕多姿，如汉舞俑，跳跃形态常令观者久久凝睇。

苏州留园冠云峰

　　冠云峰现存于苏州留园，该石清、奇、顽、拙、透、瘦、皱、漏，尤其一个"皱"字，为它石所不及。

　　太湖石的开采十分艰辛，需要石匠携带锤子、凿子潜入水底，在造型奇巧的石头上凿出孔洞，将绳索的一端绑在石头上，另一端绑在湖面的船上，把石头绞绕运输到船上。如果遇上还未成形的石头，则需要稍微打磨一下，再将其沉入湖底，让水浪冲刷一段时间后，纹理就会更加生动自然，变得玲珑剔透，更具观赏性。

　　据史书记载，太湖石的玩赏开始于五代后晋时期。到了唐代，太湖石已经十分盛行。唐穆宗、唐文宗时期的宰相牛僧孺就非常喜爱太湖石，他的别墅中布置了大量太湖石，白居易评价他玩石到了"待之如宾友，亲之如贤哲，重之如宝石，爱之如儿孙"的程度。宋徽宗赵佶为营造御苑艮岳，在全国各地搜罗奇花异石，其中以太湖石居多。宋徽宗为收集到的65块太湖石赐名并题写

苏州留园瑞云峰

　　瑞云峰现存苏州十中，石形若半月，多孔，玲珑多姿，是江南园林三大名石之一。

铭文，曾有《宣和石谱》一书，为这些太湖石题画，后世称其为"宣和六十五石"。北宋亡国后，金世宗兴建大宁宫时，将艮岳残留的大量太湖石运往北京，堆砌在北海琼华岛上。明清两代，为点缀皇宫御花园和宁寿宫乾隆花园，曾从琼华岛取走大量太湖石。

　　太湖石的大小不一，以高大秀美者为贵，堆叠成假山，置于庭院、园林作为景观。而较为小巧的太湖石可以放置在茶几、书案上，供观赏把玩。鉴赏太湖石，首先要看是否是原石。由于太湖石珍贵稀有，所以市面上有不少假冒品，这就需要仔细观察石头的坑洞是否自然，石头表面是否有人工修整的痕迹。其次要看它是否具有"瘦、皱、漏、透、清、顽、丑、拙"等特征。

无为军石

  无为军①石产土中，连络而生。择奇巧者即断取之，易于洗涤，不着泥渍。石色稍黑而润，大者高数尺，亦有盈尺及五六寸者。多作群山势，扣之有声，至有一段二三尺间，群峰耸拔，连接高下，凡数十许，巉岩涧谷，不异真山。顷年，维扬②俞次契大夫家获张氏一石，方圆八九尺，上有峰峦，高下不知数，中有谷道相通，目之为"千峰石"。又米芾③为太守，获异石，四面巉岩险怪，具袍笏拜之④。但石苗⑤所出不广，佳者颇艰得也。

  又

  无为军石产土中，惟甚软，凡就土揭取之，见风即劲。两面多柏枝，如墨描写。石色带紫或灰白，间有纹理。成冈峦遍列，林中有径路，全若图画之状，颇奇特。又有仿佛类诸物像，土人装治为屏，颇近自然。

【注释】

①无为军：今安徽省无为县无城镇。北宋太平兴国三年（978），设立无为军，属于淮南道，其地域包括巢县城口镇，领巢县、庐江等地。

②维扬：今江苏扬州的别称。

③米芾（fú）（1051—1107）：字元章，山西太原人，后定居润州（今江苏镇江），北宋时期著名的书法家、画家。曾任校书郎、书画博士、礼部员外郎。他个性怪异，举止癫狂，又被称为"米颠"。米芾不仅善画枯木竹石、山水，他还擅长诗文，精于书法，还精于鉴赏奇石，著有《砚史》。

④具袍笏（hù）拜之：指的是"米芾拜石"的故事。

⑤石苗：指奇石的矿脉露出地面之处。

【解读】

无为军石产自安徽巢湖一带，属于碳酸盐岩，质地莹润，颜色发黑，敲击会发出响声。其体积差别悬殊，大的有数尺高，小的不到一尺。其形态各异，巧妙传神，大多像连绵起伏的群山。有的石头仿若十几座高耸的山峰相连，奇峰怪石、河谷溪流、山林小径，与真山无异。

《米芾拜石图》陈洪绶（明）

还有一种无为军石，石色呈微紫色或灰白色，带有松柏枝干的花纹，像是墨笔描绘而成。

无为军石深埋在土层里，脉络相连，质地较软，一旦挖掘出来与空气接触就会变黑发硬。石匠选取其中形制奇巧的，凿取出来，很容易就清洗干净，不沾泥渍。经过打磨整修，有的置于园林庭院中，成为景观石。有的做成屏风，浑然天成。

《云林石谱》中提及，扬州的俞次契大夫家曾得到一块奇石，形制高大，上面山峰连绵，中间还有小道相连，便将它命名为"千峰石"。还有著名的书画家米芾，他爱石成痴，在当太守的时候，也曾得到一块无为军石。这块石头形状如同一座险峻的高山，非常罕见。米芾高兴之极，竟然穿上官袍、手持笏板，向石头行礼作揖。这就是"米芾拜石"的典故。

临安石

杭州临安县①石出土中，有两种，一深青色，一微青白。其质奇怪，尖峰崒嵂②，高者十数尺，小者数尺，或尺余。温润而坚，扣之有声。间有质朴，从而斧凿修治，磨砻增巧。顷岁，钱塘③千顷院④有石一块，高数尺。旧有小承天⑤法善堂徒弟折⑥衣钵⑦得此石，值五百余千。其石置方廨⑧中，四面嵌空险怪，洞穴委曲。于石罅间植枇杷一株，颇年远。岩窦中尝有露珠凝滴，目为瑰石。元居中⑨有诗略云："人久众所憎，岁久众所惜。为负磊落姿，不随寒暑易。"政和⑩间取归内府，亦石之尤者。

【注释】

①临安县：位于浙江省西北部，属杭州市。秦汉时期是会稽郡余杭县。北宋划归杭州，南宋属临安府。1996 年撤县建市。

②崒 (zú) 嵂 (lǜ)：指山峰高耸、险峻的样子。宋代诗人陆游的《大寒》："为山傥勿休，会见高崒嵂。"

③钱塘：今浙江省杭州市，旧时称"钱塘"。钱塘始于秦一统全国后，在灵隐山麓设县，当时属于会稽郡。隋开皇九年（589），会稽郡改为"杭州"。1927 年，设杭州市，直属浙江省。

④千顷院：指的是浙江省杭州市天目山上的寺院，大约建于唐代中后期。

⑤小承天：指南宋时杭州的一所寺院。

⑥折：折卖，廉价出售的意思。

⑦衣钵：衣是指佛教主持的袈裟，钵是僧人化缘用的器皿。佛教中师徒道法的传授，常以衣钵为信证，称为"衣钵相传"。后来泛指先人传授下来的学问、思想、技能等。文中是指资产。

⑧廨 (xiè)：官署，旧时指官吏办公的地方。

⑨元居中：宋代钱塘（今杭州）人，曾经任太常少卿，知宿州。

⑩政和：北宋徽宗的年号，1111—1118 年。

隐八仙（昌化鸡血石）

【解读】

临安石产自浙江省杭州市临安县，有深青色和青白色两种。其质地十分奇特，敲击时会发出声音。临安石的体积差距很大，形状也非常险峻。

临安的地质主要是冲击沙砾石层，在经历了漫长的地质作用后，有的原生矿会崩解成岩块，最终形成温润坚硬的临安石。石匠挑选其中造型拙朴的，经过工具的修治、打磨后，会变得奇巧独特。

宋代，在钱塘的千顷院发现了一块几尺高的临安石，价值不菲，是小承天法善堂的僧人们靠变卖自己的资产才买到的。为了一块石头，僧人们竟然愿意卖掉资产，足以说明了此石的稀有。这块临安石当时被放在衙门里，四面透空，上面洞穴相连，曲折有致。有人还在石上种了一棵枇杷，别有一番景致。元居中曾为此写下一首《临安石》："人久众所憎，岁久众所惜。为负磊落姿，不随寒暑易。"此外，这块石头在政和年间还被当做贡品进献皇宫，足以显示它的珍贵。

杜绾在《云林石谱》中记载的临安地区的奇石，已经比较罕见。现在市面上常见的是临安昌化鸡血石，质地优良的可以制作图章，稍次的用来雕刻工艺品。现存较为珍贵的鸡血石是藏于北京故宫博物院的清帝后昌化鸡血石玺印。

武康石

湖州武康石①出土中，一青色，一黄色而斑，其质颇燥，不坚，虽多透空穿眼，亦不甚宛转②。采人入穴，度奇巧处，以铁錾揭取之。或多细碎，大抵石性區侧③，多涮道折叠④势。浙中假山藉此为山脚石座，间有险怪尖锐者，即侧立为峰峦，颇胜青州。

【注释】

①湖州：现在的浙江省湖州市，因环太湖而得名。武康：现在的浙江省湖州市德清县，三国吴黄武元年（222）设立永安县，到了晋太康三年（282），因为境内有武康山，改名为武康县。

上海豫园仰山堂大假山（黄石）

②宛转：文中是指石上的孔洞委宛曲折。

③匾侧：文中是指石头的质地不坚韧。

④折叠：重叠起伏。

【解读】

  武康石又称"花石"，其产地主要是浙江省德清县武康镇东部的丘陵地区。这种石头的质地较软，上面还有很多空洞，其颜色主要是青色和黄色两种。武康石埋在泥土中，采石工匠在作业前，先要估算奇石的位置，然后用工具进行采掘。由于武康石的石质较软，所以开采出来的石头比较细碎，上面还有很多开采过程中磨砺留下的印痕。

武康石的种类主要有武康黄石、武康紫石两种。武康黄石的形状不规则，纹理模糊，用于构筑园林假山。武康黄石比青州的石头要好，著名的上海豫园大假山就是使用武康石堆叠成的。武康紫石的质地粗糙，纹理清晰，吸水性较强，多用作建筑石材。

昆山石

平江府昆山县①，石产土中，多为赤土积渍，既出土，倍费挑剔洗涤。其质磊魂，巉岩透空，无耸拔峰峦势，扣之无声。土人唯爱其色洁白，或栽植小木，或种溪荪②于奇巧处，或立置器中，互相贵重以求售。至道③初，杭州皋亭山④后出石，与昆山石无分毫之别。

【注释】

①昆山：今江苏昆山县。

脑海妙思（昆石胡桃峰）

②溪荪（sūn）：是鸢尾属西伯利亚鸢尾东方变种的一种，多生长在
　沼泽地。主要分布在我国的黑龙江省、吉林省，以及日本、朝鲜等地。
　其花大而美丽，多为天蓝色，可做庭园绿植。溪荪的根茎可以入药，
　有清热解毒的作用。将根茎捣烂后敷在伤口可以治疗疮肿毒。
③至道：宋太宗最后的年号，995—997 年。
④皋亭山：又叫作"半山"，位于浙江杭州北郊。南宋时为临安的
　防守要隘，南宋君臣就在此地投降元朝。

【解读】

　　昆山石又称"昆石"、"玲珑石"，产地在苏州的昆山县。
其质地缜密，敲击时不会发出声音。昆山石的色泽纯白如雪，给
人以纯洁的感觉。其形状十分险峻，玲珑多窍，内在结构复杂，

具有天然的雕塑美。昆山石有十多个品种，常见的有鸡骨峰、胡桃峰、雪花峰、杨梅峰和海蜇峰等品种。昆山石与太湖石、雨花石并称为"江南三大名石"，与灵璧石、太湖石、英石并称"中国四大名石"。

昆山石刚挖掘出来时，外部满是红色的泥土，需要经过选坯、晾晒、清洗、除泥、雕刻和浸泡等步骤进行处理。需要注意的是，除泥时不能进行敲击，以防止断裂。正确的处理方法是把石头放在阳光下充分暴晒，然后放入碱水中浸泡，泥巴就会自动脱落，再用草酸清洗石头，以除去上面的黄渍。最后，用清水浸泡石头，把残留的酸碱清洗干净，取出晾干后，昆山石就显露出晶莹似玉的真实面目了。人们把昆山石放置在特制的容器上，在上面种上细小的草木或者溪荪，翠白交相而映，令人赏心悦目。

昆山石的开采可以追溯至汉代，历史十分悠久。因其雪白晶莹、玲珑剔透的审美特征，加之产出较少，历代达官贵族、文人雅士都不惜重金求取。昆山石自宋代就被视为贡石中的上品，民间非常罕见，售价极高。宋代诗人陆游曾说："燕山菖蒲昆山石，陈叟持来慰幽寂。寸根蹙密九节瘦，一拳突兀千金值。"元代诗人张雨在《得昆山石》一诗中有"昆邱尺璧惊人眼，眼底都无嵩华苍。孤根立雪依琴荐，小朵生云润笔床"之句。

目前昆山石的资源已近枯竭，在民间已很少见到它的踪迹。据估计，现存的精品昆山石不过几十块，分布在上海、苏州、南京等地。

江华石

　　道州①江华、永宁二县，皆产石。在乱山间，于平地上空砻积叠而生，或大或小，不相粘缀。江华一种稍青色，一种灰黑，间有巉岩之势，其质侧背粗涩枯燥，扣之有声，未见绝奇巧者。惟永宁所产，大者十数尺，或二三尺，至有尺余，或大如拳，或多细碎，散处地上，莫知其数，率皆奇怪。每就山采取，各随人所欲。既择绝佳者，多为泥土苔藓所积，以水渍②一两日，用磁末痛刷。一种色深青，一种微黑，其质坚润，扣之有声。多坳坎，颇类太湖"弹子窝"，峰峦巉岩，四面亦多透空，险怪万状。或有数尺，若太山气象，千岩万壑，群峰环绕，中有谷道拽脚③。或类诸物像，不可概举，非人力能为之。大抵其石多白脉，有如大山之巅，合三两峰，间因石脉相连数道，而成瀑布，直落涧壑，凡遇石塞路逆溅，即散漫分流，石之两边，如图写之状。

①道州：位于湖南省南部，与两广毗邻。据《汉书·职官志》记载，
　　"县有蛮夷曰道"，这就是道州名称的由来。宋代，道州管辖营道、
　　江华、永明、宁远四县。

②渍：浸泡。

③谷道：山中小道。拽脚：是指山路蜿蜒曲折，从山脚一直盘旋到
　　山顶。

【解读】

　　江华石产于湖南省永州市的道县、江华一带，呈青色、灰黑
色等色泽，质地坚脆、枯燥发涩，扣之有声。江华石有大有小，大
的有十多尺高，而小的不过拳头大小，甚至是更细碎的。其造型
大多奇形怪状，有的表面凹凸不平，密布孔窍，很像被称为"弹
子窝"的太湖石；有的好像一座雄伟的大山，千岩万壑，峰峦环
绕，中间还有蜿蜒的羊肠小道从山脚盘旋到山顶；有的像是大山

玲珑（太湖石）

苏州留园的奇石盆景

的巅峰，周围两三座峰峦连绵相依。石山的白色脉络犹如瀑布直落涧壑，遇到山石，水沫飞溅。如同书画名家的山水画作。此外，还有的石头很像日常所见的器物、动物。其形状奇特巧妙，浑然天成，远非人力所能雕琢而成。

刚采捡回来的江华石，大多被泥土、苔藓覆盖，需要先放在清水中浸泡一两天，然后用碎瓷片洗刷干净。江华石可用于制作山水盆景，或作为园林置石。

常山石

衢州常山县思溪①，又地名石洪，或云空宇。石出水底，侧垂似钟乳，杂沙泥，不相连接。采人车舻②深水，甚难得之。或大或小，不逾数尺，奇巧万状，多是全质③。每一石，则有联续尖锐十数峰，高下峭拔嵌空，全若大山气势。亦有拳大者。又于巉险怪岩窦中出石笋④，或欹斜纤细，互相撑拄之势。盖石生溪中，为风水冲激，融结而成奇巧。又峰峦耸秀，洞穴委曲相通，底座透空，堪施香烬⑤，若烟云萦远乱峰间。一种色深青，石理如刷丝⑥，扪之辄隐手⑦。又一种青而滑，或以磁末刷治而然。率皆温润，扣之有声。间有质朴全无巧势者，石性稍矿⑧，不容人为，非如灵璧可增险怪也。

【注释】

①衢州：今浙江省衢州市，最早建县是在东汉初平三年（192）。常山：位于浙江省西部，春秋时属于越国姑篾之地，东汉建安二十三年（218），定阳县设立。唐武后垂拱二年（686），定阳改常山，属江南道，信安为州治。思溪：村落名，因为当地有一条清溪，所以取名"思溪"。

②戽（hù）：戽斗，用于吸水灌田，形状像斗，两边有绳，由两人拉绳牵斗取水。

③全质：文中是指石头的形态齐备、质地完美。

④石笋：一种碳酸钙淀积物，一般是自下而上生长。而石钟乳一般是从上往下生长。

⑤烬：指的是物体燃烧后留下的剩余物。

⑥刷丝：文中是指一种出产自安徽歙县的奇石，可以用来制砚。石砚上的纹理细密，像是刷子刷出来的，所以称为"刷丝砚"。

⑦扪之辄隐手：抚摸石面时能感觉到上面的细密纹路。

⑧矿：粗糙的意思。

【解读】

常山石又叫作"常州石"、"石洪溪雅石"，主产地是浙江省衢州市的常山县。其石色黝黑发青，质地温润，晶莹剔透，敲击有声。常山石的形状好像钟乳一样，大小不一，奇形怪状，巧妙万分，具有"奇、珍、稀、美"的特征，非常珍贵。

常山石以形态取胜，每一种石头仿若是数个陡峭连绵的山峰，高低不同，孔窍通透，很有巍峨山峦的雄伟气势。还有一类，其孔洞中满布石笋，欹斜纤细，相互支撑，姿态奇特。这可能是因为常山石常年生长在溪水中，风吹水冲，于是形成了这样奇巧的状貌。还有的常山石状如峰峦叠秀，上面的孔洞曲折贯通，底部能透出光亮，在洞穴中插上熏香，就会呈现出烟云缭绕群峰的景象，别有一番情趣。又有一种深青色的常山石，上面的纹理细密，如同安徽歙县的刷丝石，用手抚摸，能感觉到明显的纹路。还有一种颜色青白而质地光滑的石头，可能是用瓷末洗刷而成的。也有的常山石形貌质朴，并无奇特之处，人工打磨起来比较困难，就不必通过雕琢使其变得险怪了。

常山石是历史名石，北宋的庄绰在《鸡肋篇》中记载说，宋徽宗钟爱奇石，遍寻天下名石。他喜爱灵璧石，但是灵璧石只有一面可以欣赏。他派人去取太湖石，但太湖石太过粗重，不便搬运。后来宋徽宗看到了常山县南私村的常山石峰岩青润，可以置于几案观赏，非常满意，并盛赞其为"巧石"。

开化石

衢州开化①县龙山深土中出石，磊魂，或巉岩可观，色稍燥，扣之有声。又，地名鳖滩，亦多产石水中，色稍青润，石质骨粗而肉细②，率皆全质。间有群峰前后罗列若大山气势，比之思溪无峭崒③势，扣之亦有声。

【注释】

①开化：现在的浙江省开化县，最早建县于北宋太平兴国六年 (981)。
②骨粗而肉细：文中是指石头的棱角粗糙，石面细腻温润。
③峭崒 (zú)：陡峭、险峻。

【解读】

开化石产自浙江开化县的龙山，其外表细腻，质地略有些干涩，敲击时会发出声音。开化石形状如同直立高耸的山峰，悬崖峭壁，奇险壮观。还有个叫鳖滩的地方，水中出产的奇石颜色发青，虽然棱角粗糙，但是质地润泽。这种石头大多是整块的，偶尔有群峰罗列，像巍峨起伏、气势雄壮的山脉。

开化石主要用作园林用石，其形态特异、质地优良，有着"率皆全质"的优点。但是山石的质地稍显干燥，产于水中的石头虽然青润却骨粗肉细、无峭势。杜绾认为，开化石与衢州常山思溪的石头相比稍逊一筹，显得气势不够峻峭。

浙江开化自古盛产奇石，其地处钱塘江之源、浙皖赣三省七县交界处，境内层峦叠嶂、溪涧纵横，蕴藏着品种繁多的奇石。除了《云林石谱》中记载的开化山形观赏石，还有砚石。据明代林有麟的《素园石谱》记载："浙江衢州府开化县，其石温润古雅，可供清玩，亦可作砚。"

龙潭石便是开化石的典型代表，产于开化县城龙潭大坝及密赛一带，石质十分细腻，水冲度极佳。经河水冲刷，会形成包浆。表皮色彩主要呈青灰色，还有黄、红、绿、褐等色彩。光绪二十四年（1898）编的《开化县志》中记载："石出龙潭者，细嫩可刻字，质地细腻坚润，抚之如肌，磨之有锋，涩之留花，纹理如丝如旋，色泽秀润，傍以黄绿色包浆，尤以褐红沁色为最佳。石色清润，扣之有声，可观赏。"龙潭石除了可观赏外，又可制砚。龙潭砚石质细腻，造型柔美端庄，为文人墨客所钟爱，有上品之誉，声名远播。

澧州石

澧州①石产土中，磊魂而生，大者尺余，亦有绝小者，颇多险怪巉岩，类诸物状。其质为沙泥积渍，费工刷治。石理遍铺丝，扪之隐手。色青白稍润，间有白脉笼络。土人不知贵，士大夫多携归装缀假山，颇类雁荡②诸奇峰。

【注释】

①澧（lǐ）州：现在的湖南省澧县，《尚书·禹贡》中记载："岷山导江，东别为沱，又东至于澧"，澧县因澧水而得名。澧州最早设立于梁敬帝绍泰元年（555），唐高祖武德四年（621）改澧阳郡为澧州，隶属江南西道。

②雁荡：雁荡山，位于浙江省温州市乐清境内。雁荡山景观奇特，给人以强烈的美感，被誉为"寰中绝胜"、"海上名山"，号称"东南第一山"。因山顶有湖，芦苇茂密，结草为荡，南归秋雁多宿于此，故名雁荡。

【解读】

澧州石产于湖南澧州，石表很光滑，形貌奇特。有的如同高峻险拔的高山，有的像各种日常物品。大的有一尺多，小的不过寸许。刚挖掘出来的澧州石带有很多泥沙，清理起来费时费力。石头表面遍布清晰的纹理，用手抚摸可以隐约感觉得到。澧州石

浙江雁荡山（图片提供：微图）

色泽青白，稍润泽，表面偶尔有纵横交错的白色脉络。

　　宋代时，澧州当地人大多不知道这种石头的珍贵，而来此地做官、读书的人则千方百计地要搜集一些带回去作装饰之用。现在，澧州石已经极其少见。

英　石

　　英州①含光真阳县之间，石产溪水中，有数种。一微青色，间有白脉笼络，一微灰黑，一浅绿，各有峰峦，嵌空穿眼，宛转相通。其质稍润，扣之微有声。又一种色白，四面峰峦耸拔，多棱角，稍莹彻，面面有光，可鉴物，扣之无声，采人就水中度奇巧处錾取之。此石处海外辽远，贾人罕知之。然山谷以谓象州②太守，费万金载归，古亦能耳。顷年，东坡获双石，一绿一白，目为仇池③。又乡人王廓，夫亦尝携数块归，高尺余，或大或小，各有可观，方知有数种，不独白绿耳。

【注释】

①英州：今广东省英德市，最早设立于五代南汉乾和五年（947），宋宣和二年（1120），改置真阳郡。

②山谷：北宋诗人、书法家黄庭坚（1045—1105），字鲁直，号山谷道人，他是洪州分宁（今江西修水）人，与苏轼、米芾、蔡襄并称"宋四家"。
象州：现在的广西桂林地区。秦始皇三十三年（前214），岭南设南海郡、象郡、桂林郡，今县境属桂林郡。

③仇池：现在的甘肃省西和县。历史上这一地区曾出现过两个政权，分别是杨茂搜建立的前仇池国（269—371）和杨定建立的后仇池国（385—443）。这里群山连绵，奇石险峻，十分壮观。

【解读】

英石产于广东省英德县英德山一带，又名"英德石"。其质地略显莹润，轻轻敲击时，会发出低沉的响声。英石的颜色主要有青色、灰黑色、浅绿色和白色。其形貌如同崇山峻岭，洞穴相

龙马拂波（英石）

连，具有"瘦、皱、透、漏、丑"的特点。采石人根据石头的形态进行开凿，将奇巧之处用工具凿下来。英石以峰峦起伏、嵌空穿眼为上品，小者可制成山水盆景，大者可叠成园林假山。

英石的开采和赏玩有着悠久的历史。五代时就开始开采英石，到了宋代，英石已颇负盛名。宋代赵希鹄的《洞天清禄集》中说英石"自然成山形者可用，于石下作小漆木座，高半寸许，奇雅可爱"。据杜绾记载，象州太守从黄庭坚那里得知一块英石的消息，命人历尽千辛万苦、花费重金才将石头运回。苏东坡也曾得到两块英石，一绿一白。他将石头比作甘肃的仇池山，十分珍爱。此外，杜绾的同乡王廓也带回来几块英石，大小不一，每一块都奇巧可观，令人叫绝。宋徽宗在修建艮岳时，也运用英石点缀。

元代时，英石被列为"文房四玩"之一。明代盛行盆景，造园家计成的《园冶》中记载英石"亦可点盆，亦可掇小景"。到了清代，英石被列为"四大园林名石"之一，在故宫、颐和园、网师园中陈列着许多英石。清代陈洪范曾经写诗赞美英石："问君何事眉头皱，独立不嫌形影瘦。非玉非金音韵清，不雕不刻胸怀透。"

江州石

江州①湖口石有数种，或在水中，或产水际，一种青色，浑然成峰峦岩壑，或类诸物状。一种扁薄嵌空，穿眼通透，几若木板，似利刀剜②刻之状，石理如刷丝色，亦微润，扣之有声。土人李正臣蓄此石，大为东坡称赏，目为"壶中九华③"，有"百金归买小玲珑"之语。然石之诸峰，间有作来奇巧，相粘缀以增玲珑，此种在李氏家颇多，适偶为大贤一顾彰名，今归尚方久矣。又有一种，挺然成一两峰，或三四峰，高下峻峭，无拽脚，有向背，首尾相顾，或大或小，土人多缀以石座，及以细碎诸石胶漆粘缀，取巧为盆山求售，正如僧人排设供佛者，两两相对，殊无意味。

①江州：今江西省九江市，最早设立于东晋，包括江西省的大部分。

②剜（wān）：削、割。

③九华：九华山，位于安徽省池州东南部，与山西的五台山、浙江的普陀山、四川的峨眉山并称为"中国佛教四大名山"。它是"地狱未空誓不成佛，众生度尽方证菩提"的大愿地藏王菩萨的道场。九华山又称"陵阳山"，是花岗石山，峭拔凌空，有"东南第一山"之誉。唐代诗人李白曾赞其"天河挂绿水，秀出九芙蓉"，成为后人形容九华山美景的千古佳句。

【解读】

　　江州石产自江州的湖口，种类较多，有的在深水之中，有的在河边湖畔。有一种石头颜色发青，形状如同峰峦叠嶂，或是像各种物体。另有一种石头又扁又薄，表面凹凸有致，孔洞通透，就好像用刀子削割出来的木板。石头的纹理很像安徽歙县的刷丝砚，质地略温润，敲击时能发出声音。

　　苏东坡曾称赞江州石盆景为"壶中九华"，有"百金归买小玲珑"的诗句。其实，这种石头的奇巧之处大多是人工做出来的。江州石挺拔直立，有前后、首尾之分，上面的山峰高低起伏，峭拔惊艳，人们给它加上石座，并用碎石粘缀装饰，做成盆景销售，单调乏味，缺乏艺术气息。

　　奇石的珍贵，除了要具有"瘦、皱、漏、透"的特点外，还要稀有。只有这样，奇石才值得珍藏。杜绾批评那些人工制作盆景的现象说："这就像僧人排设拜香者，没有任何意义。"并且杜绾也不赞赏苏轼的"壶中九华"，认为此类石头平淡无奇，随处可见。

袁 石

　　袁州万载县①去县十余里，石无数，出野田间。其质嶙峋，微青色，间多峰峦，岩窦四向。又有石罅中上下生小林木，蓊郁可喜，或高三四尺，或五六尺，全如一大山气势。经行凡数百步，不断目，地名为"乱石里"。土人以石占田垄，有妨布种，恨不之去。惜乎地远，人罕知者。

　　又

　　袁州分宜县②距县二十里，有五侯岭，岭上四旁，山石崒嵂③峭绝，若划裂摧倒势，其嵌空巉岩中，多狙猿④。凡山下石或立或伏，当是山土飞堕者，色绀青⑤，不润泽，玲珑奇怪万状，间有数人可远致者。临江士人鲁子明有石癖，尝亲访其处，以渔舟载归潇滩，置所居。又去县十里，有石洞名"洪阳"，游者持炬以入。凡十有六室，诡怪百状，又有石乳、石田、牛羊、钟鼓，及仓廪、床榻之类。石高数丈，段段有边幅，有如船樯⑥驾帆饱疾风状。石田顷亩，与真无异。凡洞高处，刻唐人题字，仿佛可辨。父老云：以晋葛洪⑦、娄阳二仙所隐得名。其洞穴深邃不可遍览。顷，一道人结庵，欲尽游其室，赍粮秉炬⑧，才历数室，闻洞上有篙撑船声，骇惧而返。

【注释】

①袁州：袁州也称宜春，现在的江西省宜春市万载县。汉高祖六年（前201）设置宜春县，属豫章郡。西晋太康元年（280），宜春县改为宜阳县，唐武德五年（622），宜春郡改为袁州。万载县：现在的江西省万载县，汉高祖六年（前201）设立了建成县，万载是其属地。五代时期南吴国顺义元年(921)，万载县设立，其名字取自当时的"万载乡"。

②分宜县：现在的江西省新余市分宜县，原为吴、楚之地，后来属于袁州府宜春县。

③岝（zuò）崿（è）：指山势高峻的样子。

④狙：古书中指一种猴子。猨：就是"猿"。

⑤绀（gàn）青：绀指的是黑红色，绀青就是黑里透红的颜色。

⑥樯（qiáng）：指的是帆船上的桅杆，引申为帆船，文中是指船只。

⑦葛洪（284—364）：字稚川，号抱朴子，晋丹阳郡（今江苏句容）人。我国东晋时期著名的医药学家、炼丹家。他曾受封为关内侯，后隐居在罗浮山中炼丹。著有《肘后方》、《抱朴子》、《西京杂记》等。

⑧赍（jī）赠送东西给别人。秉（bǐng）：拿着，携带。

葛洪像

【解读】

　　袁石产自袁州万载县内离县城十几里的"乱石里"，这种石头质地嶙峋，峰峦叠嶂，又有细小林木，高的有五六尺，气势磅礴犹如崇山峻岭一般。那里遍地都是大大小小的石头，因为这些石头散落在耕地里妨碍农民耕种，所以农民很是苦恼，由于这里地处偏远，所以知道这种石头的人很少。

　　此外，袁州分宜县距县城二十里有个叫五侯岭的地方，这里山势险峻，满布怪石，就像被刀斧劈开的一样，到处都是摇摇欲坠的危石。这些石头有的站立，有的伏地，黑里透红，外表粗糙，千姿百态。临江士人鲁子明十分喜爱奇石，曾经亲自造访此地，并用船把奇石运回潇滩，放于自己的住所。离县城十里的地方，有个石洞，叫作"洪阳洞"，洞里有十六个石室，每个都很诡异，千姿百态。此外，还有石田、钟鼓、床榻等等。这些石头高几丈，每块都很完整，尤其是石船，犹如吃饱了风，在大海里疾驶。洞中还有很多唐代的题字刻石，其字迹至今还依稀可见。相传晋朝时，道家先人葛洪和娄阳曾经在此居住。后来有道士在此修建草庵，打算详细地研究一下洪阳洞，便带上口粮，拿着火把，进洞探究，突然听见有撑舟前行的声音，惊恐万分，当即就返回了。

平泉石

平泉石出自关中①，产水中。李德裕②每获一奇，皆镌"有道"二字。顷年，余于颍昌③杜钦益家赏一石，双峰高下，有径道挺然，长数尺许，无嵌空岩窦势，其质不露圭角④，磨砻光润而清坚，于石罅⑤中镌"有道"二字，扣之有声，尚是平泉庄故物也。

【注释】

①关中：陕西省中部平原，又称渭河平原，地域范围包括宝鸡以东，潼关以西，秦岭以北，渭河以南。

②李德裕（787—850）：字文饶，唐代赵郡赞皇（今河北省赞皇县）人，晚唐名相。李德裕酷爱奇石，专门建了一座别墅来收藏奇石，起名为"平泉"。

③颍昌：今河南省许昌市，其地域包括现在的许昌市、漯河市、禹县、郾城、长葛、临颍、舞阳等地，绍兴十年（1140），宋代名将岳飞曾经在此大破金兵。

④圭角：圭是古代帝王举行典礼时所用的玉器，上圆下方，锋芒有棱角。

⑤石罅：石头的缝隙。

清明上河图（黄河石）

【解读】

　　平泉石多产自关中地区的水中。相传，宋代名臣李德裕每收集到一块奇石，就在上面刻"有道"的字样。杜绾曾在颍昌的杜钦益家看见一块石头，此石呈两座山峰并立之势，山间的小径直上直下，表面被打磨得非常光滑，没有棱角，在光照下发出润泽的光芒。其质地坚硬，敲击有声。石上的缝隙中镌刻着"有道"二字，是平泉别墅的旧物。

　　李德裕的平泉别墅非常有名，有许多奇珍异玩被收藏于此。本篇名为"平泉"，是因为这些石头都曾被收藏在平泉别墅。李德裕搜集了各种石头，例如太湖石、罗浮石和巫山石等。他把这些石头精心地布置好，并且都加了品题，例如仙人迹、狮子石和礼星石等。其中他最珍爱的是醒酒石，这种石头"以手摩之，皆隐现云霞、龙凤、草树之形"，后人考证此石其实是洛阳黄河石。

兖州石

兖州①出石如褐色，谓之"栗玉"，有巉岩峰峦势，无穿眼。其质甚坚润，扣之有声，堪为器，颇费镌砻②。土人贵重之，与北方所产栗玉颇相类，但见峰峦一律耳。

【注释】

① 兖州：今山东省兖州市。4000多年前夏禹划天下为九州，兖州是其中之一。
② 镌砻（lóng）：雕琢、磨砺的意思。

【解读】

兖州石产于山东省兖州市，多为褐色。其质地坚硬润泽，敲击有声，形状似高峻险拔的大山。这种石头可以打磨成各种器物，但是比较花费工夫。总的来说，兖州石并不是十分珍贵。由于它与北方的栗玉非常相似，所以存在许多假冒品。此石的最大缺点在于它的峰峦平齐，变化较少，所以作为园林观赏石的价值不高。

根据《云林石谱》的描述，当地人非常重视兖州石，认为其可能是山东的泗滨浮石。泗滨浮石产自山东的泗水之滨，呈深灰褐色，质地细腻，有玉质感，主要作为制作古代"磬"的原石。

另外，此石属于砭石类，具有一定的医用作用。因此"土人贵重之"，杜绾也将其收录在册。

永康石

蜀中永康军①产异石。钱逊叔②遗余一石，平如版③，厚半寸，阔六七寸，面上如铺纸一层，甚洁白。上有山一座，高低前后、凡十数峰，剧有佳趣。四边不脱其底，山色皆青黑，温润而坚，利刀不能刻，扣之，声清越，目为"江山小平远"。逊叔得之蜀中部使者④，云出自永康军。后未见偶⑤者。

【注释】

①永康军：今四川省都江堰市一带，最早设立于宋代。

②钱逊叔：历史上关于钱逊叔的记载很少，只知道他是宋代绍兴人，江西诗派诗人。

③版：刻板，印刷用的底版。

④部使者：刺史，最早设立于元封五年（前106），其主要任务是监视地方各诸侯王、郡守等官员，发现问题直接向皇帝举报，以加强中央对地方的监督。

⑤偶：类似、相似。

四川都江堰

【解读】

　　杜绾在《云林石谱》中记载，钱逊叔曾赠送他一块永康石，此石的外形如同刻板一样平整，表面干净洁白，就像铺了一张纸。石上的花纹犹如一座跌宕起伏的高山，十分有意趣。石头的质地温润而坚硬，即便是用锋利的刀子刻画都不会留下印记，敲击时会发出清脆的声音。

　　永康石产自四川的都江堰，但并不是形成于都江堰，而是由岷江冲刷山石形成的。岷江中的岩石经年累月被水冲刷，相互碰撞摩擦，表面自然形成了各种图案。岷江经过都江堰时流速变得缓慢，石头便沉积下来，散落于河滩。永康石以花岗岩作为母体，硬度较高；以石英石为图案，图案鲜明，种类较多，其中以带有书法味道的文字石最受欢迎。此外，永康石还包括海洋生物化石、岷江玉和彩石等。

湖南省衡阳市衡山风景区（图片提供：FOTOE）

耒阳石

衡州耒阳县①土中出石，磊硍巉岩，大小不等，石质稍坚。一种色青黑，一种灰白，一种黄而斑。四面奇巧，扣之无声。可置几案间，小有可观。

【注释】

①衡州：今湖南省衡阳市一带。耒阳：今湖南省衡阳市耒阳县，名称来源于当地的耒水。相传神农氏就是在这里发明了耒耜。耒阳还是造纸术发明家蔡伦的故乡。

【解读】

耒阳石产自衡州的耒阳县，其质地坚硬，形状如危岩耸立，十分险峻。颜色主要有黑色、白色和黄色。这种石头的花纹很奇巧，敲击无声。耒阳石的造型精巧，可以放在桌案上观赏。

耒阳河的水冲石品种繁多，文中所记载的耒阳石或许是碧彩石，其质地温润细腻，纹理清晰，变化奇妙，有多种颜色，如鲜红、深红、桃红、土黄、老黄和乌黑金等，具有极高的观赏性。

襄阳石

襄阳①府去城十数里，有山名凤凰②，地中出石，积长尺许。或如拳者，巉岩险怪往往有大山势。色稍青黑，间有如灰褐者，扣之有声。土人不甚重。政和③年间，惟镇江④苏仲恭留台家有数块，置几案间。

【注释】

①襄阳：今湖北省襄阳市。
②凤凰：指位于襄阳南面十多里的一座山。
③政和：北宋徽宗年号，1111—1118 年。
④镇江：古时又称"朱方"、"京口"、"南徐州"等。这里靠山朝江，

地势险要，位置优越，为镇守江防之地，所以称为镇江。

【解读】

　　襄阳石产自襄阳的凤凰山，一般都一尺多长，也有的如拳头大小。其形貌如同危岩嶙峋的高山，气势不凡。石色主要有黑色、灰褐色两种，敲击有声。杜绾称，襄阳石虽然精致，但是当地人却并不重视它。政和年间，只有镇江的留台苏仲恭家有几块襄阳石，摆在案头观赏。

　　襄阳石的种类颇多，具有代表性的有造型石和浮雕石。造型石主要产于凤凰山上，形状千变万化，有的状如高山，有的形同人物、动物，极富灵气神韵。浮雕石主要产自襄樊的南漳山区，藏于地表一米之下，其质地优良，石上的天然纹理具有动感，是大雅之石。

镇江石

　　镇江府①去城十五里，地名黄山；鹤林寺西南，又一山，名岘山，在黄山之东②，土中皆产石。小者或全质，大者或镌取，相连处险怪有万状。色黄，清润而坚，扣之有声，间有色灰褐者。石多穿眼相连通，可出香。

江苏园林里的奇石

【注释】

①镇江府：今江苏省镇江市一带。

②岘山、黄山：镇江附近的小山。

【解读】

　　镇江石产自黄山和岘山，其中黄山距离镇江府城大约十五里，黄山的东面是岘山。镇江石的质地坚硬，敲击有声。其颜色发黄，也有灰褐色的。石块比较完整，尺寸大的多是凿取下来的。石与石相连之处像错综复杂的山谷。石头上面有许多孔洞，插上熏香后，烟雾缭绕，好似仙境。

　　宋代诗人蔡肇写了一首名为《得奇石于岘山》的诗。记述了他爱石、采石、赏石的完整过程。蔡肇极其倾慕镇江岘山的奇石，于是不辞劳苦，亲自前去采挖。途中，他得到当地人的指点，非常顺利地找到了上好奇石。他将奇石带回家，放置于庭院之中欣赏。

苏氏排衙石

> 镇江苏仲恭留台家有一石，如蹲狮子，或如睡鸂鶒①，罗列八九株，太守梅知胜②目之为"苏氏排衙石"。又有一石笋，高九尺有奇，浑然天成，目之为"栋隆"③，悉归内府矣。崇宁④间，米元章取小石为研山⑤，甚奇特。岘山石多青润，而产黄山者率多土脉，少有可镌治者。

【注释】

①鸂（xī）鶒（chì）：一种水鸟，长得像鸳鸯，但比鸳鸯稍大，多是紫色，有时候雌雄在一起游泳，也称为"紫鸳鸯"。

②梅知胜：北宋名臣梅执礼。

③栋（dòng）隆：本指屋栋高大隆起，后用以比喻可以担当重任。文中具体是指石笋粗大坚实，可以支撑屋宇。《易经·大过》中说："象曰：栋隆之吉，不桡乎下也。"

④崇宁：北宋徽宗年号，1102—1106年。

⑤研山：也作"砚山"，是一种砚台，利用山形之石，中凿为砚，由此而得名。

颐和园排云门前排衙石

【解读】

　　宋代镇江留台苏仲恭藏有一块奇石，看上去既像一头蹲坐的雄狮，又像一只睡着的鸂鶒。当时的太守梅知胜称它为"苏氏排衙石"。此外，苏仲恭还有一块被称为"栋隆"的石笋石，九尺多高。可惜的是，后来这些石头都归皇宫内府所有。宋崇宁年间，米芾曾经收藏了几块石头做砚山，造型奇特。苏氏排衙石大多比较清润，不像黄山出产的石头土质偏多，很难打磨雕琢。

　　苏仲恭爱石成痴，相传米芾曾经得到了一方宋代的砚山，他来到镇江，喜欢上苏仲恭的一个园子，里面栽种了许多晋、唐时期的古树，葱葱郁郁，环境十分优雅。后来经过旁人的撮合，米芾以砚山换得了苏仲恭的园子。

仇池石

韶州①之东南七八十里，地名"仇池"，土中产小石，峰峦岩窦甚奇巧。石色清润，扣之有声，颇与清溪品目相类。

【注释】

①韶州：今广东省韶关市，隋开皇九年（589）东衡州改为韶州，其名称来源于州北面的韶石。

苏州网师园万卷堂内所供的英石

　　仇池石就是广东韶关的英石，产自韶州东南七八十里一处名为"仇池"的地方。苏东坡曾经把自己收藏的英石比作甘肃仇池山，依据杜甫的诗句"万古仇池穴，潜通小有天"而得名"仇池石"。

　　仇池石的色泽清润，敲击有声。它的尺寸虽然不大，但是形状如同高低起伏的峰峦，奇巧精妙。仇池石可以用来制作印石和石雕。

清溪石

　　广南清溪镇去三五十里①，土中出石，巉岩险怪。一种色甚清润，扣之，声韵清越，一种色白。顷年，苏仲恭家置于几案间，有七八石，甚奇巧。此石所产相邻青绿坑②，尤奇于他处。

【注释】

①广南：今云南广南，包括现在的广东和广西地区。清溪镇：包括现在的四川省和云南省。

②青绿坑：云南广南采挖奇石的坑道，最早开采于唐代，后被废弃。

清溪石产自云南广南清溪镇三五十里的地方，石块嶙峋，奇巧险峻。这种石头分为两种，一种清润有泽，敲击起来声音清越；另一种颜色发白。杜绾称，苏仲恭收藏有一些这样的石头，有七八块形状非常奇巧，陈列于几案上观赏。在清溪石的产地附近，还有一处叫作青绿坑，那里出产的石头比起其他地方的奇石更加精妙。

刑　石

刑州西山接太行山①，山中有石，色黑，峰峦奇巧，可置几案间。土人往往采以为砚，名曰"乌石"，颇发墨。又一种稍燥。苏仲恭有三砚，样制殊不俗。

【注释】

①太行山：又称"五行山"、"女娲山"。南北纵贯北京、河北、山西、河南，绵延四百多公里，为山西东部、东南部与河北、河南的天然界山。

刑石产于河北省邢台市西太行山。它的颜色发黑，形状奇巧绝妙，可以放在几案上观赏，有的还可制成砚台，叫作"乌石砚"，发墨比较好。

苏仲恭有三块刑石制成的砚台，它们的形制和做工都很不一般。《云林石谱》中所记载的奇石，大多以产地命名。

卢溪石

袁州①石出溪水中，色稍青黑，有嵌空险怪势。大者高数尺，鲜有小巧者。唐卢肇②隐居溪侧，草堂前立一大石，高丈余，三峰九窍，甚奇怪，自谓"卢溪石"。崇宁③间，欲辇置内府，以石背多有前人刻字，语或时忌，遂止之不用。

【注释】

①袁州：今江西省宜春市万载县，袁州的名称来源于其境内的袁山。

②卢肇（818—882）：字子发，江西宜春人，他是江西第一位状元，曾经当过宣州、池州、吉州等地刺史，才华横溢，以文翰知名。

③崇宁：北宋徽宗年号，1102—1106 年。

【解读】

卢溪石产自袁州的溪水中，这种石头大多都有几尺高，小巧的不多。卢溪石的形状十分奇险，颜色主要是青黑色。卢溪石和袁州石产自同一地区，古时主要作为盆景，现在这两种石头都极其稀少。

唐代时，卢肇居住在卢溪边的草屋，他在屋前立了一块石头，名为"卢溪石"，这块石头有三座峰峦，九个孔窍，形状奇异。崇宁年间，有人想将这块石头移入皇宫，但终未能如愿。可能是因为石头上有许多前人的题字，这些字句犯了当时的忌讳。

排衙石

临安府府署之侧，一山甚高，名"拜郊台"，吴越钱氏故迹①。山巅险峻处，两边各有列石数十块，从地生出者。峰峦巉岩，穿眼委曲，翠润而坚，谓之排牙石。

【注释】

①吴越：五代十国之一。包括现在的浙江省、江苏省西南部和福建省东北部。钱氏：吴越王钱镠，他建立了吴越国。

【解读】

临安府衙旁边有一座山，名为"拜郊台"，是吴越钱氏的遗迹。山上险峻的地方，两旁有奇石排列成行。这些石头就是"排衙石"。

排衙石，又称"排牙石"、"对石"，是一种自然景观石，产自浙江杭州凤凰山。排衙石的形状如同险峻的山峰，中间孔洞密布，绿意盎然，质地坚硬。

传说吴越国开国皇帝钱镠定都杭州后，率众人上凤凰山，看见两队奇石立在苍翠山林间，山雾缭绕，就像"衙墙"一样，所以把它们称为排衙石。

品　石

建康①府有石三块，颇雄伟，岩洞险怪，色稍苍翠，遍产竹木，茂郁可观。石罅②中有六朝③、唐、宋诸公刻字，谓之"品石"。

【注释】

①建康：今江苏省南京市，最早设立于晋朝。这里曾经是三国吴、东晋、南朝宋、南朝齐、南朝梁、南朝陈的都城。

②罅（xià）：漏洞，裂缝。

③六朝：又称六代，三国吴、东晋、南朝宋、南朝齐、南朝梁、南朝陈先后建都于建康，史称六朝。

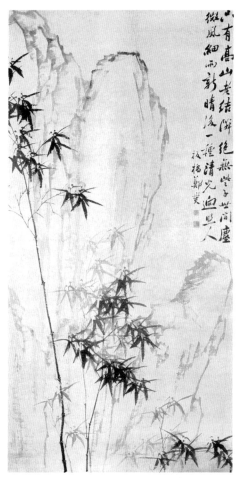

《竹石图》郑板桥（清）

【解读】

　　品石不是指一种具体奇石，多指三块奇石堆落在一处，形成供人评赏的景致。建康府衙门有三块奇石，堆叠得像一个"品"字，所以叫"品石"。这三块奇石高大雄伟，石上还长满了竹子和其他花木，葱葱郁郁，十分茂盛。石头的缝隙中有很多题字，都是六朝以及唐、宋年间的先人所写。

永州石

永州署依山厅事之东隅①，顷岁，太守黄叔豹因其地稍露山谷，除治积壤十余尺，得真山一座，凡八九峰，岩洞相通，翠润可喜。有唐人刻字于遍诸峰之侧，甚奇古。有一石，横尺余，联缀石上，全若水禽。因引泉出水，潴②满岩窦，其石正浮水面，亦有唐人刻字，目之为"鹚鸪石"。又群山之后，下广二顷余，率皆怪石，罗布田野，间或为居人蔽隐。元次山创万石亭于郡之山巅③。

【注释】

①永州：今湖南省永州市。隅（yú）：指角落。
②潴（zhū）：水积聚的地方。
③元次山：元结（719—772），字次山，号漫叟，河南鲁山人，唐代著名的文学家。万石亭：《永州崔中丞万石亭记》中记载的万石亭。

【解读】

永州又称"零陵"，因为境内有潇水、湘水流经，所以又雅称"潇湘"。历史上许多文人墨客游历永州后，挥毫泼墨，留下佳作。例如，欧阳修的诗句"画图曾识零陵郡，今日方知画不知"，

永州石

陆游的诗句"挥毫当得江山助，不到潇湘岂有诗"，还有柳宗元被贬永州期间，体恤百姓疾苦，写下了《永州八记》的散文名篇。

永州地貌复杂多样，奇峰秀丽，河川溪涧交错纵横，山岗盆地相间，盛产奇石。永州石就产自这里，这种石头玲珑清润，如峰峦岩窦，应为英石类，宜作假山或盆景。古人也将此石用作陈放古琴的石案。

宋代时，永州官府依山而建，由于府衙东侧露出很多石头，太守黄叔豹就让人整治清扫，结果竟然挖出了一座真山。这座山上孔窍贯通，郁郁葱葱，莹润可爱。山上有八九个山峰，山峰的侧面有唐人题字。有一块奇石与这座山石相连，有一尺多长。人们引来泉水，注满石下的石穴，这块奇石就好似一只水鸟"浮"在水面上。石上也有唐人题字，仔细辨认是"鸂鶒石"几个字。这座山石后面是一块两顷多的地，散落着很多怪石，不过被民居遮挡了。宋代以后，当地百姓对永州石过度开采，其资源日益枯竭，现今要想得到一块上好的永州石已经很难了。

石 笋

石笋所产，凡有数处：一出镇江府黄山，一产商州①，一产益州②，诸郡率皆卧生土中。采之，随其长短，就而出之，或有断而出者。大者二三尺，小者尺余，皆微着土。其质挺然尖锐，或扁侧有三两面，纹理如刷丝，隐起石面，或得涮道。扣之，或有声。石色无定。间有四面备者，又有高一二丈，首尾一律，用斧凿修治而成。

【注释】

①商州：今陕西省商洛市，最早设立于北周。
②益州：今四川盆地和汉中盆地一带。

【解读】

石笋又称"虎皮石"、"白果石"、"松皮石"，主要产自镇江府黄山、商州以及益州一带。石笋的质地十分坚硬，形状挺拔，多为条柱形，有锐利的尖端。石头表面的纹理像"刷丝"一样，有的隐约可见，有的比较深。敲击石笋会发出声音。石笋的颜色多变，多为青灰色，也有淡褐色、紫色等。

石笋生于泥土中，采挖时需要根据其大小和完整性进行挖掘，挖出的石笋表面沾有很多泥土，较难清除，必须借助工具，经过

石笋

清洗、打磨、雕琢才具有观赏性。石笋是园林叠石的重要石料，常与竹木搭配成"竹石"造型。除此之外，体量较小的石笋可以用作盆景石，放在案头欣赏把玩。

袭庆石

袭庆府①泰山石，产土中，大小逾三四尺，间有磊魄碎小者，色灰白，或微青。亦有嵌空险奇怪势，其质甚软，可施镌凿，土人不甚珍爱。

【注释】

①袭庆府：北宋时兖州称袭庆府，今山东省滋阳县西二十五里。

【解读】

袭庆石即泰山石，产自泰山山脉的泥土中。根据杜绾的记述，袭庆石体量较大，也有的几块堆落在一起，形成险峰，形貌高峻奇特。其颜色大多是灰白的，或者微发青。因这种石头的质地较

天马行空（泰山石）

软，易于打磨，所以在当地并不特别受重视。

泰山石产自泰山山脉的溪流山谷，是古老的岩石之一，形成过程极其漫长。泰山石色调沉稳、凝重，表面有白色的纹理，美丽多变。民间有泰山石能辟邪、镇宅等传说，如"泰山石敢当"，取稳如泰山、时来运转之意，作为风水石使用。

山东盛产奇石，杜绾根据所见所闻，在《云林石谱》中记载了七种：兖州石、袭庆石、峄山石、莱石、登州石、密石、红丝石，极大地丰富了园林的石材。

泰山石敢当（清）

峄山石

峄山在袭庆府邹县①，山土中产美石，间有岩穴穿眼，不甚宛转深邃，亦有峰峦高下，无崷崒②势。其质坚矿，不容斧凿，色若接蓝③，或如木叶，翠润可喜。

【注释】

①邹县：今山东省邹城。

②崷（qiú）崒（zú）：崷，高峻的样子。崒，山峰挺拔险峻。

③挼 (ruó) 蓝：浸揉蓝草作染料，文中是指湛蓝色。

【解读】

　　峄山石产自山东省邹城的峄山，由于质地坚硬，不容易加工雕刻。这种石头上有凹陷的坑洞，起伏的峰峦，蜿蜒不绝，但是却并不险峻。其颜色主要有蓝色、绿色等，十分可爱。

　　峄山由于怪石万迭、络绎如丝，起初被称为"绎山"。此山方圆十余公里，山上多奇石，峻拔险峭，还有郁郁葱葱的松柏和流淌不息的清泉。秦始皇统一六国后，于公元前 219 年登临峄山，并在山上立下石碑，由丞相李斯撰写，名为"秦峄山碑"。此外，唐代大诗人李白曾经写下《琴赞》一诗来赞美峄山的景色，诗中说："峄阳孤桐，石耸天骨，根老水泉，叶若霜月。断为绿绮，徽音粲发。秋月入松，万古奇绝。"

卞山石

　　湖州①西门外十五里有卞山②，在群山最为崷崒。顷，朱先生③所居之。产石奇巧，罗布山间，巉岩礧④魂，色类灵璧，而清润尤胜。叶少蕴⑤得其地，盖堂以就其景，因号"石林"，石上皆有李唐游人题字，自颜鲁公⑥而下悉署焉。又州之西北，凤凰山后，地名"前山"，于乱筱⑦间有石生土中，下多流泉，石质嵌空险怪，往往多穿眼，青翠如湖口⑧，悉高大，鲜有小者。宣和⑨间，尝使土人取之，重不可致，今尚有数块留道傍。

【注释】

① 湖州：地处太湖南岸，其名来源于太湖。最早设立于隋仁寿二年（602）。

② 卞山：位于湖州西面，也写作"弁山"。

③ 朱先生：朱熹（1130—1200），字元晦，号晦庵，祖籍江南东路徽州府婺源县（今江西省婺源）。他是南宋著名的理学家、哲学家、诗人，闽学派的代表人物之一。朱熹享祀孔庙，但他却非孔子亲传弟子，由此足见其影响之大。

④ 礧（lěi）：用木或石从高处向下击打。

⑤ 叶少蕴：叶梦得（1077—1148），字少蕴，号石林居士，苏州吴县人，历任翰林学士、户部尚书、江东安抚大使等职。他晚年隐居湖州卞山石林，所著诗文有《石林燕语》、《石林诗话》等。叶梦得属于南渡词人，词中具有英雄气和逸气。

⑥ 颜鲁公：颜真卿（709—784），字清臣，唐代著名的政治家、书法家，祖籍琅琊临沂（今山东省临沂），他曾经担任监察御史，迁殿中侍御史、宪部尚书、御史大夫、吏部尚书等职。颜真卿创立了"颜体"楷书，与赵孟頫、柳公权、欧阳询并称"楷书四大家"。

⑦ 筱（xiǎo）：一种细竹子，也叫"箭竹"。

⑧ 湖口：即前"江州石"条所言湖口所产奇石。

⑨ 宣和：北宋徽宗年号，1119—1126 年。

【解读】

卞山石产自湖州的卞山，造型较为奇特，嵌空透漏，零星散布在山石之间，其颜色与灵璧石类似，且更为清润。卞山石属于太湖石，体量较大，一般都重达数千斤或数万斤，是古代园林重要石材之一。宋代搬运太湖石时，要先把石上的孔洞用泥填好，再用泥包裹，暴晒使之坚实，然后利用滚木把它们推上船。到达目的地后，再用水清洗即可。

卞山又称"弁山"，位于湖州城西北部，雄峙于太湖南岸，主峰名"云峰顶"，高耸险峻。朱熹曾居住于卞山。叶少蕴也在这里买了块地，并修建了一座宅院，名为"石林"。石林中收藏了很多奇石，石上有很多唐代游人的题字，从颜真卿这样的书法大家到一般书法家，不一而足。湖州西北部还有一座凤凰山，山后有个名为"前山"的地方，长满了

《朱竹墨石图》吴昌硕（清）

细竹，草木丛生之间，掩埋着很多石头，颜色青翠。石下流淌着细泉，泉水冲击出来的洞眼宛转透漏。宋宣和年间，官府曾经差使当地人在这里挖掘石头，但是由于石头体积庞大，过于沉重，未能搬运成功。

涵碧石

　　婺州东阳县之南五里①，有涵碧池，唐令于兴宗②得其胜概：凿池面瀑布。有二大石鱼置沼面，鱼之前，有石一块，高丈二许，巉岩可观；石之半凹然如掌。罗隐③江东著书，尝以为砚，好事者每往游览。刘禹锡④有诗在集中。

【注释】

①婺州：今浙江金华。东阳县：今浙江东阳，最早设立于秦始皇二十六年（前221），素有"婺之望县"、"歌山画水"之美誉。其地理形貌独特，"三山夹两盆、两盆涵两江"，文化教育悠远，被誉为教育之乡、建筑之乡、工艺美术之乡。

②于兴宗：唐名相于志宁独子，曾经当过东阳令。

③罗隐（833—909）：字昭谏，新城（今浙江富阳市新登镇）人，唐末道家学者，著有《谗书》、《太平两同书》等。

④刘禹锡（772—842）：字梦得，号庐山人，彭城（今江苏徐州）人。唐代著名的哲学家、诗人。

【解读】

　　涵碧石产自浙江省金华东阳城南西砚峰东北麓涵碧池一带，不是一类奇石，而是一块景观石，蕴含着深厚的人文气息。

　　涵碧池是唐代东阳县令于兴宗修整出来的，是一处风景胜地。水池对面有一处天然瀑布，两者相映成趣。池中有两块石头，好

涵碧石

像鱼在水中悠游；石鱼前面还有一块巨石，如同陡峭的山峰，巍然耸立；石头半腰有一处凹陷，形如手掌。唐代的罗隐在此地隐居的时候，常常在池边沉思，寻找写作的灵感，以这个凹陷处作为砚池研墨。后人们经常来此附庸风雅地游览一番。刘禹锡曾经在《答东阳于令寒碧图诗》中详细记载了发现涵碧石一事。

吉州石

吉州①数十里土中产石，色微紫，扣之有声，可作砚，甚发墨，但肤理②颇矿燥，较之永嘉③华严石，为砚差胜。土人亦多镌琢为方斛④诸器。

①吉州：今江西省吉安市，最早设立于隋开皇十年（590）。
②肤理：物体表面的纹理。
③永嘉：今浙江省永嘉县，最早设立于隋文帝开皇九年（589）。
④斛（hú）：文中指的是一种古代量器。

【解读】

　　吉州石产自吉州州署十里外的地方，这种石头质地坚硬清润，扣之有声，颜色光润，纹路复杂多变。吉州石包括土石与水石。其中，土石以单体为主，而水石种类繁多。吉州石虽然表面粗糙，但是容易发墨，所以可以用来制砚台。但与用永嘉华严石制作的砚台比起来，则有一定的差距。宋代时，当地人常把吉州石制成方斛一类的器皿来使用。

全州石

　　全州①湘江一带，溯流而上，江边两岸狭处，间有土石山，悬石如钟乳，嵌空巉岩万状，扣之，声清越。色类灵璧，青翠可喜。余舟过石侧，击取数块，高尺余，甚奇巧。

①全州：位于广西壮族自治区的东北部，是桂林市的一个县，毗邻
湖南。

【解读】

　　全州石产自湘江全州段，这些石头就像是倒悬的钟乳石，形
状奇特，敲击有声。全州石的颜色和灵璧石相似，郁郁葱葱，青
翠可喜。

　　湘江全州段是溯流而上，江岸狭窄的地方会露出许多石头，
杜绾当初坐船经过那里的时候，还顺便带了几块回来，造型很是
奇巧。

何君石

　　　　临江军新淦县玉笥山石梁间有洞①，名"何
君"。按《图经》：十人避秦，九人仙去，独何君
为地仙，居其洞，故因号焉。岩洞透邃，中有石棋
枰。山之前后，闻产巨石，皆险怪。昔有一石悬于
洞口，其状如云，广数尺，巉岩秀碧，扣之无声，
土人何氏，击取置亭榭中。

①临江军：最早设立于宋淳化三年(992)。新淦(gàn)县：今江西新干。玉笥山：原名是群玉山，位置在峡江县中北部，西面是赣江。

【解读】

何君石产自临江军新淦县的玉笥山上的"何君"洞，这种石头是石灰岩经长年风化后残留的石体，大多峻峭嶙峋，在石上树木的映衬下，犹如天然的奇石盆景。

据《图经》记载，曾经有十个人因为不堪忍受秦朝的暴政而来这里居住。后来，他们之中的九个人当了神仙，只有何君一人成了地仙，住在岩洞里，此洞于是被叫作"何君洞"。洞里很深，前后通透，里面还有一个石头棋枰。玉笥山周边有很多巨大的石头，传说何君洞洞口也有一块，形如云朵，清秀碧绿，敲击无声，当地有个何姓人把它凿取下来，放在自家园里观赏。

蜀潭石

筹州高安县之东北①，有水出自丰城，号济步江。自江口入四十里，地名蜀潭。水中多产巨石，四面无崷崒势，穿眼委曲，不甚苍翠。鲜有小巧者。

①筠州：唐武德七年（624）改米州置，以地产筠篁得名，治高安（今
　　江西高安）。

【解读】

　　江西高安县的东北部有一条济步江，是从丰城流过来的。离
江口四十里有个叫蜀潭的地方，这里就有许多蜀潭石。这种石头
体量巨大，很少有小巧的。石上还有许多孔洞，曲折蜿蜒。

洪岩石

　　　饶州乐平县东山乡①，地名"洪岩"，有三洞，
名木、梓树、水岩，各有岩穴，炬火而入，自水岩
上半间，可下数十丈，方到底。闻水声如雷，穷
之，即无水源。其洞中有石田、钟、鼓、磬、仙人
帐，若人力所为。其山高下，巉岩翠碧。穴中有石
佛、罗汉，相仪如生，高十余尺。

【注释】

①饶州：今江西省鄱阳市。乐平县：今江西省乐平市，最早设立于
　　东汉灵帝光和元年（178）。

溶洞（图片提供：微图）

【解读】

　　洪岩石产自江西省乐平市的洪岩洞，形状多种多样，像石田、钟、鼓、磬、仙人帐等，犹如工匠雕刻而成。

　　洪岩洞是著名的风景名胜，有三个洞穴，分别是木岩、梓树岩、水岩，洞很深，在里面能听到巨大的水流冲击声，但是看不到水源。洞里布满造型各异的石头，有的形如佛陀、罗汉，栩栩如生。

洪岩洞是饶州著名的风景区，古书中对此多有记载，许多文人也写下诗篇来赞美。《江西通志》记载："县东北九十里。高耸百余丈，盘亘四十余里，中有天井、桐木、风岩、冷水等数岩，惟洪岩最著。山腰有石室，南北相通，其中云气泉声不绝。山下洪氏居之，又名洪源。"这与《云林石谱》中的描述大体一致。

洪岩三洞属于地下岩溶地貌，是喀斯特地貌的一种。这种地貌是具有腐蚀力的水溶蚀岩石形成的，是石灰岩地区地下水长期溶蚀的结果。地下水溶蚀扩张岩石就形成了溶洞，溶洞大小不一，洞中有许多奇特景观，比如石幔、石笋等。溶洞主要分布在我国的云南、四川、贵州等地。

韶　石

韶州①黄牛滩水中产石，峰峦巉岩百怪。其色或灰，扣之，微有声。凡就水采取，质皆枯燥，须用磁末刷治，即色稍青。其质颇与道州②永明石品相类。间有奇巧而小者。

又

韶州石绿色，出土中。一种色深绿，可镌砻为器。一种青绿相兼，磊魂③或如山势者。一种色稍次，一种细碎杂沙石，以水烹砚作数品，入颜色用。大抵穴中因铜苗气熏蒸，即此石共产之也。

【注释】

①韶州：今广东省韶关市。隋开皇九年（589），东衡州改称韶州，其名字来源于州北的韶石。
②道州：今道县，位于湖南省的南部，毗邻两广。
③磊魄：文中是指众石累积。也用以比喻胸中的不平之气。

【解读】

韶石产自今广东省韶关市曲江境内，是锰质砂岩，被地下铜矿苗气体长期熏蒸而形成。其质地枯燥，敲击有声。体量虽然小，但是造型十分奇特，和道州永明的石头相似。其颜色有灰色、淡青色和绿色等。韶石可以制成日常器用。此外，韶石经过蒸煮、研磨，可以制成颜料。关于韶石能制成颜料，杜绾做出了科学的判断，大概是韶石和铜矿长期共生的缘故，所以会"色深绿"和"青绿相兼"。

萍乡石

袁州萍乡县①距县百余里，地名"石观"，突兀一山，石洞穴深六七丈，岩上垂石如钟乳，高低无数，嵌空险怪，奇秀可玩。山之近侧，皆有怪石隐草木中。土人不知贵。

【注释】

①袁州：今江西省宜春市，古代时被称为"农业上郡"，佛教"禅林清规"就源自这里。萍乡：今江西省萍乡市。

纯真的爱（钟乳石）

【解读】

　　萍乡石主要产自江西省的萍乡，是一种钟乳石。距离江西萍乡一百多里，有个叫"石观"的地方，那里有座体型巨大的山，山上有一个洞穴，洞深大概六七丈，有许多倒垂的钟乳石，高矮不一，数不胜数。此外还有许多耸立的岩石，形状非常奇特。

　　黄庭坚曾作诗《题石乳洞》赞美萍乡石："石洞岈然占一方，深如曲室敞如堂。山中路与红尘隔，物化人惊白昼夜。静听乳泉声滴滴，闲敲石鼓响琅琅。"

修口石

　　　　洪州分宁县①，地名修口，深土中产石，五色斑斓，全若玳瑁②。石理细润，或成物像。扣之，稍有声。土人就穴中镌礲为器，颇精致，见风即劲。亦堪作砚，虽粗而发墨云。

【注释】

①洪州：今江西省南昌市。分宁县：今江西省修水县。
②玳瑁：属于龟鳖目海龟科，爬行动物，形似乌龟，壳是黄褐色，
　有黑色的斑点，可以作为装饰品。

【解读】

修口石产自江西省九江市的修水县，这种石头很像玳瑁，质地坚硬，细腻湿润，敲击时会发出低沉的声音。修口石上面有精美的纹理，像金星、金晕、鸡血藤、鱼子、水波纹等，犹如天然的山水画，令人赏心悦目。修口石五色斑斓，主要是赭色，中间夹带着翠绿色。

修口石可以雕成各种精美的器物。因为这种石头质地、色泽别具一格，遇风会变得特别坚实，发墨很好，所以适合制作砚台。

早在唐宋年间，修水就出现了专门生产"修口石砚"的手工作坊，这种砚台的特点是触笔细而不滑，贮水久，发墨快而不粗。清代时，修口石砚曾作为贡品进献朝廷，是江西四大名砚之一。

《靓妆倚石图》改琦（清）

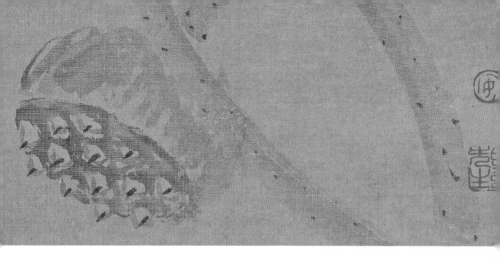

中

卷

鱼龙石

潭州①湘乡县山之颠，有石卧生土中。凡穴地数尺，见青石即揭去，谓之"盖石"。自青石之下，微青或灰白者，重重揭取，两边石面有鱼形，类鳅鲫②，鳞鬣③悉如墨描。穴深二三丈，复见青石，谓之"载鱼石"。石之下，即着沙土，就中选择数尾相随游泳，或石纹斑剥④处全然如藻荇⑤，但百十片中，然一二可观。大抵石中鱼形，反侧无序者颇多，间有两面如龙形，作蜿蜒势，鳞鬣爪甲悉备，尤为奇异。土人多作伪，以生漆点缀成形，但刮取烧之，有鱼腥气，乃可辨。又陇西⑥地名鱼龙，掘地取石，破而得之，亦多鱼形，与湘乡所产无异。岂非古之陂泽，鱼生其中，因山颓塞⑦，岁久土凝

为石而致然？杜甫诗有："水落鱼龙夜，山空鸟鼠
秋。"⑧正陇西尔。

【注释】

①潭州：今湖南湘乡，范围包括长沙、湘潭、株洲、岳阳南、益阳、
　娄底等地。
②鳅鲫：鳅，即泥鳅鱼。鲫，即鲫鱼。"鳅鲫"在文中是指很小的鱼。
③鳞：鱼颌旁的小鳍。鬣（liè）：狮子、马等动物颈上的长毛，文中
　是指泥鳅和鲫鱼的小鳍。
④斑剥：斑驳，文中形容色彩杂乱，参差不一。
⑤藻荇（xìng）：藻，即藻类植物，泛指水生植物。荇，草本植物，
　叶为圆形，在水面上浮着，根在水里，开黄花。文中具体是指水草。
⑥陇西：古时指陇山（六盘山）以西的地方，最早设立于秦昭王
　二十七年（前280），全国三十六郡之一，是甘肃省最早的行政
　建制。
⑦因山颓塞：由于高山崩塌，水路淤塞。这里理解为广义的地质运动。
⑧水落鱼龙夜，山空鸟鼠秋：出自唐代诗人杜甫的《秦州杂诗二十首》
　中的第一首。

长背鳍鲟鱼化石

神龙再现

【解读】

　　鱼龙石又称"石鱼石"，主要产自陇西的鱼龙和潭州的湘乡。这种石头是远古时期鱼类的化石，基岩是黑色，层理极薄，上面的鱼大小不一，体形完整，甚至可以清晰地分辨出鱼的骨骼和鳞甲。

　　甘肃陇西的鱼龙石与潭州湘乡的相似，可能是很久以前鱼生活于此，后来由于地壳变动，水源干涸，鱼就和土凝结在一起，日久天长形成化石。杜甫曾经在《秦州杂诗二十首》中提到陇西，"水落鱼龙夜，山空鸟鼠秋"。

　　湘乡的鱼龙石又称"盖鱼石"，深埋于地下，去掉表面的青色或灰白色的石头，就会露出鱼形的石头，有的像泥鳅，有的像鲫鱼，鱼鳞犹如墨染，生动逼真。再向下挖就是叫作"载鱼石"的青石。比较珍贵的是那些具有龙样斑纹的石头，龙的毛、角、鳞、趾等栩栩如生，非常别致。宋代时，石鱼石就已经名声大振，当时有人仿制鱼龙石，方法是用生漆在石头上画出鱼形。分辨仿造石的方法很简单，只需取一小块放在火上烧烤，真正的鱼龙石会发出鱼腥味。

关于鱼龙石的形成原因，杜绾通过科学地研究、分析认为：很久以前，湘乡多湖泊，湖泊里有许多鱼和其他浮游生物。后来，地壳剧烈运动，这些鱼和泥沙埋在一起，在压力和地心热力的影响下形成化石。在当时的历史条件下，杜绾能做出这样的判断，是十分难能可贵的。由此可见，杜绾是以学者的身份来亲近石头，远远超越了玩赏的层次。

莱　石

> 莱州①石色青黯，透明斑剥，石理纵横，润而无声，亦有赤白色。石未出土最软，土人取巧镌雕成器，甚轻妙。见风即劲，或为锴銚②，久堪烹饪，有益于铜铁。

【注释】

①莱州：最早设立于隋开皇五年（585），其范围大致包括现在的山东莱州、莱阳、即墨、平度、莱西、海阳等。

②铛（chēng）：烙饼或做菜用的平底浅锅。铫（diào）：一种带柄有嘴的小锅，一般用金属制成，可以用来煎药或烧水，携带方便。

【解读】

  莱州石分布较广，其产地主要是山东莱州、莱西、烟台一带，质地晶莹，敲击无声，表面虽然透明却满是斑驳，带有纵横交错的纹路。莱州石主要是深青色，还有灰、绿、黄和白等色。

  莱州石的品类较多，常见的是冻石和滑石。冻石的硬度低于4度，质地光滑细腻，有半透明的蜡状光泽，其颜色主要包括灰、浅绿、墨绿、黄、白等，主要用于篆刻印章和雕琢。滑石主产地是莱州市粉子山，其质地细密嫩滑，硬度约1.5度，颜色有白、

滑石双耳三足鼎（东汉）

美女（冻石）

黑、红黄、粉红等，质软，不适合精雕细镂，但上蜡后具有很好的光泽。莱石在未遇空气之前，柔软可锻，可以被打磨成各种器物，在空气中暴露一段时间后，会变得坚硬似铁。用莱石制成的石锅和石铫比铜铁器皿更加耐烧。

虢　石

虢州朱阳县石产土中①，或在高山。其质甚软，无声。一种色深紫，中有白石如圆月，或如龟蟾吐云气之状，两两相对。土人就石段揭取，用药点化镌治而成，间有天生如圆月形者，极少。昔欧阳永叔赋《云月石屏诗》②，特为奇异。又有一种色黄白，中有石纹如山峰，罗列远近，涧壑相通，亦是成片修治镌削，度其巧趣，乃成物像。以手扪之，石面高低。多作砚屏③，置几案间，全如图画。询之工人，石因积水浸渍，遂多斑斓。

【注释】

①虢州：今河南灵宝。《素园石谱》中也有"虢州月石屏"条。朱阳：今河南灵宝西南朱阳镇。

②《云月石屏诗》：北宋大文学家欧阳修所写的《吴学士石屏歌》。
③砚屏：放在砚旁障尘的小屏风，材质主要是玉、石、漆、木等。

【解读】

虢石又称"紫陶石"，产自虢州朱阳县的高山，质地细腻、柔滑，敲击无声。虢石形状奇特，有一种石头具有像圆月、乌龟或者蟾蜍的纹理，十分生动；还有一种石头的表面具有连绵起伏的山峰纹理，根据这些纹理可以将石头打磨成不同的物体。抚摸石头可以感觉到表面高低起伏、凸凹不平。虢石五彩斑斓，主要有紫褐色、朱红色、浅白色等。

虢石易于雕琢，主要用来制作砚台及石雕工艺品。早在宋代时，虢州石砚就全国闻名了。其中以虢石鱼子砚最为珍贵，石中布满了黑色的鱼卵圆斑。米芾在《砚史》中赞美道："虢州石，理细如泥，色紫，可爱。发墨，不渗。久之石渐损回，硬墨磨之，则有泥香。"

此外，虢石可以用来制作砚屏，陈设于书案上，犹如美丽的图画。欧阳修作《吴学士石屏歌》赞美道："……下有怪石横树间，烟埋草没苔藓斑。借问此景谁图写，乃是吴家石屏者。虢工刳山取山骨，朝镌暮斫非一日，万象皆从石中出。吾嗟人愚不见天地造化之初难，乃云万物生自然。岂知镌镵刻画丑与妍，千状万态不可弹。神愁鬼泣夜不得闲，不然安得巧工妙手愈精竭思不可到，若无若有缥缈生云烟。鬼神功成天地惜，藏在虢山深处石。惟人有心无不获，天地虽神藏不得。"

阶 石

阶州①白石产深土中，性甚软，扣之或有声，大者广数尺，土人就穴中镌刻佛像诸物，见风即劲。以滑石末治令光润，或磨砻为板，装制砚屏，莹洁可喜。凡内府遣投金章②玉简③于名山福地，多用此石，以朱书之。

【注释】

①阶州：今甘肃省武都县。
②内府：王室的仓库。金章：金质官印，后用来指代官宦的仕途。
③玉简：玉质的简札，指珍籍。

【解读】

阶石出产于现在的甘肃省武都县，质地松软，叩击有声，体量大的石头有几尺长。由于阶石遇空气会变硬，所以采石人就赶在石头出土前，在坑穴中把石头雕刻成佛像等器物，并用滑石粉末进行打磨，使其光洁莹润。也有人把石头切削成石板，放在石砚旁边作屏风。皇宫内府给寺庙题名文书时，经常使用这种石头，用朱砂在石上题字。

两宋时期，人们对于甘肃河西的区域知之甚少。杜绾在《云林石谱》中记载甘肃出产的奇石大都是抄录的，其准确性较比对

阶石

江南等地奇石的描述有些差距。他在《云林石谱》中论述的甘肃奇石主要包括鱼龙石、河州石、巩石等，主要分布在甘肃的甘南、陇南地区。

登州石

登州①海岸沙土中出石，洁白，或莹彻者，质如芡实②，粒粒圆熟，间有大者，或如樱桃，土人谓之"弹子窝"，久因见风涛，刷激而生。

【注释】

①登州：今山东半岛一带，我国古代山东重要的行政区划。 最早设立于唐武德四年（621）。

②芡（qiàn）实：又称"鸡头"、"鸡头苞"，是芡的种子，可食用，
也可药用。

【解读】

　　登州石主产地是山东烟台长岛的大小钦岛、砣矶岛等，其质
地润泽，如同芡的种子，外形嶙峋峥嵘，层峦叠嶂，敲击有声。
登州石大小不一，形态各异，其中体积大些的有樱桃般大小，当
地人把它称为"弹子窝"，这是因风沙海浪长时间冲击形成的。
登州石的颜色主要是黑色、灰色和黝青色，其纹理变化多端，形
似人物鸟兽、蔬菜瓜果、日常器物等。登州石的主要用处是制作
盆景，或用来点缀庭院。

　　苏轼曾经作诗《文登蓬莱阁下，石壁千丈，为海浪所战，时
有碎裂，淘洒岁久，皆圆熟可爱，土人谓此"弹子涡"也。取数
百枚，以养石菖蒲，且作诗遗垂慈堂老人》来赞美登州石："蓬莱
海上峰，玉立色不改。孤根捍涛天，云骨有破碎。阳侯杀廉角，
阴火发光采。累累弹丸间，琐细成珠琲。阎浮一沤耳，真妄果安
在。我持此石归，袖中有东海。垂慈老人眼，俯仰了大块。置之
盆盎中，日与山海对。明年菖蒲根，连络不可解。傥有蟠桃生，
旦暮犹可待。"

松化石

唐陆龟蒙①得石枕琴焉，因作《二遗诗》②，序

中言东阳永康一路③，松老皆化为石。顷年，因马自然④先生在永康山中，一夕大风雨，松林忽化为石，仆地悉皆断截，大者径三二尺，尚存松节脂脉纹。土人运而为坐具，至有小如拳者，亦堪置几案间。

【注释】

①陆龟蒙（？—881）：字鲁望，号甫李先生等，唐代农学家、文学家，曾经担任湖州、苏州的刺史幕僚，著有《甫里先生文集》等。

②因作《二遗诗》：陆龟蒙因好友羊枕文、李中秀赠送他永康松石枕材、琴荐，赋诗《二遗诗》以作答谢。

③东阳：今浙江省东阳市，最早设立于秦始皇二十六年（前221）。永康：今浙江省永康市。相传，三国吴赤乌八年（245），孙权之母到此地烧香而病愈，孙权于是把这里改为"永康"。

④马自然：名马湘，字自然，他是唐代著名的云游道士。

【解读】

　　松化石又称"木化石"、"木变石"、"硅化木"。唐代陆龟蒙曾经从友人那里得到石枕和琴荐，并专门写了《二遗诗》来感谢好友。他在序言中说道，东阳和永康一带的松树老朽到一定程度会变为松石。相传唐代道士马自然在永康山林的时候，有一天晚上风雨交加，松树突然变成了石头，掉在地上断裂成几截。

　　《尚书·禹贡》中记载，古时候，青州曾经向朝廷进贡过一种叫作"铅松怪石"的东西，其颜色铅灰，形状像松树，应该就是松化石。这也是关于松化石的最早文字记载。"松化石"称得上

吉祥（树化玉）

木化石

我国观赏石的鼻祖。松化石带有松节、松脂和松树的自然纹理，清晰可见。体积大的松花石可以制成椅凳，体积较小的可以放置在桌案上观赏。

穿心石

襄州①江水中多出穿心石，色青黑而小，中有小窍。土人每因春时竞向水中摸之，以卜子息②，亦杂他石。顷年，家弟③守官偶步水际，获得一青石，大如鹅卵，白脉如以粉书草字两行。把玩累日，为贵公子夺去，复搜求之，不可再得矣。

【注释】

①襄州：今湖北省襄阳市。襄州以前称作襄阳，北宋宣和元年（1119）改为襄阳府。
②以卜子息：文中是指当地特有的节日习俗"穿天节"。此风俗源自古襄阳万山才子郑交甫偶遇汉水女神、赠佩珠定情的传说。
③家弟：对别人谦称自己的弟弟。

【解读】

穿心石也叫"穿天石"，其产地是现在的湖北省襄阳市的江水中。这种石头体积较小，主要是青黑色。

穿心石的形成过程是：汉水中的石头顺水漂流，石头中的一些杂质被慢慢地冲刷掉。到达汉江中游襄阳段时，就产生了一种乳白色的小石头，石上带有天然形成的孔窍，这就是穿心石。

唐宋时期，每年的穿天节，襄阳的百姓都会来到万山，在汉江边聚会，并在沙滩上捡拾小石头，用丝线装饰后佩戴在身上，用来祈求幸福。青年男女也会借此机会恋爱，充满了浪漫情调。

杜绾的弟弟曾在此做官，散步时在水边捡到一块鹅卵石大小的青石，石上还有好似两行草字的纹路，十分逼真。可是后来他再寻找这样的石头，却怎么也找不到了。

《秋庭戏婴图》苏汉臣（宋）

洛河石

西京洛河水中出碎石①，颇多青白，间有五色斑斓。采其最白者，入铅和诸药②，可烧变假玉，或琉璃用之。

【注释】

①西京：今河南省洛阳市。洛河：指的是现在的河南省洛水，黄河支流。
②药：文中是指配料。

河洛太阳石（图片提供：FOTOE）

洛河石又称"河洛石",产自河南洛阳的洛河沿岸。这种石头比较细碎,主要是青白色。

洛河石有两类:一类是卵石,即水石,质地坚硬,圆润光滑,纹理变化多姿,颜色斑斓。卵石是经河水长期冲刷、浸染而形成的;另一类是山石,也叫"旱石",质地较软,表面粗糙,色彩反差大,纹理清晰,富有神韵,是自然风化所形成的,其主要用途是作为园林石。据《营造法式》记载,洛河石是一种重要的填料,一般磨成细末使用,可烧变假玉或琉璃。

零陵石燕

永州①零陵出石燕,昔传遇雨则飞。顷岁,余涉高岩,石上如燕形者颇多,因以笔识之。石为烈日所暴,偶骤雨过,凡所识者,一一坠地。盖寒热相激迸落,不能飞尔。土人家有石版②,其上多磊魂如燕形者。

中卷

【注释】

①永州:今湖南省永州市,雅称"潇湘",到现在已经有2100多年的建城史。可参见上卷"永州石"条。

石燕

②石版：用石料制成的印刷底版。

【解读】

　　石燕产自永州零陵，质地坚硬，不易破碎。其形状大多比较扁，两面中央隆起，上面还有银杏叶状的纹理。其颜色主要是青灰色或土棕色。石燕可以当作药材入药，《本草图经》中说石燕气味甘、凉、无毒，可以用于治疗伤寒、腹胀和泄血等。但是由于其产量稀少，所以十分贵重。历史上，石燕曾经被作为贡品进献皇宫。

　　传说中，石燕遇雨就会飞走。杜绾曾经在险峻的岩石顶端发现许多像燕子一样的石头，于是用笔在石头上做好了标记。石头经过烈日暴晒后，突遇暴雨，标记的石头都坠落到地上。这是因为石头经历温度剧变后，忽而膨胀，忽而收缩，所以才会崩裂坠落，并不是真的会飞。

石燕是生活在距今3.5亿年至2.8亿年前石炭纪海底的一种海生动物死后所形成的化石，随着地壳的不断运动，逐渐露出地面，散落在山石上。这种海生动物无脊椎，有两瓣钙质外壳，横方形贝体，壳面上还有放射状褶线。由于它的两扇贝壳好像燕翼，所以叫作"石燕"。

梨园石

相州①之北数十里，地名梨园。漳河②水中出石数种，或如浓墨圆点成纹，或深黄匾头③，颇坚润，土人谓之"量鼓"④，堪琢为器物，亦磨作镇纸⑤，其价甚廉。

【注释】

①相州：今河南省安阳一带。
②漳河：发源于晋东南山地，源头的河流是清漳河和浊漳河。在古代时，漳河是黄河中下游最大的支流，现在漳河是南运河的一条支流。
③匾头：匾额的上部，比较窄。文中具体指的是石头细窄的上部。
④量鼓：古代量米器，十二斛为一鼓。
⑤镇纸：也叫作"镇尺"，一种古代书房文具，多为长方形，用于压纸。

【解读】

梨园石是一种河卵石，产自河南安阳以北一个叫作梨园的地方。这种石头的质地坚硬细腻，敲击时会发出响声。其形状比较圆润，大小不规则，有的表面还具有像黑墨圆点的石纹。梨园石有很多种颜色，底色主要是青灰色，中间还夹杂着白、红、黄等色花纹，纹理清晰，画面自然。梨园石比较廉价，可制成各种器物。

西蜀石

西蜀①水中出石，甚坚润，色黪②白，石理遍有扁纹，如豆大，中有纹如桃杏花心，土人镌砻为龟蟾镇纸。又一种纹理如浓墨匀作圈点，尤温润。又一种微黪黑，石理稍粗涩。又一种斑黑光润，龟背上作盘蛇势，或白或朱，土人以药点饰③，谓之"元武石"。

云林石谱

108

【注释】

①西蜀：地区名，今四川省西部地区。

②黪(cǎn)：浅青黑色。

喜出梅梢（金沙江石）

【解读】

　　西蜀石产于四川雅砻江，质地十分坚硬，细腻润泽，纹理丰富。有的石头上面有豆子般大小的扁纹，中间还夹杂着好像桃花、杏花花蕊的纹理；有的石头上的纹理就像是用浓墨汁画出的圆点；有的石头上面满是黑色的斑点，润滑细腻，其纹路好似弯曲盘旋的蛇。西蜀石的颜色主要有淡黑色、白色和红色。当地人用颜料点画装饰，称其为"元武石"。

　　四川的雅砻江出产很多石种，例如自然景观石、图案石、福禄石等，西蜀石属于图案石。西蜀石体量较小，比较细碎，包括原生纹图案石和天然大理石图案石两种，可把玩，也可以放在水中欣赏。

玛瑙石

　　峡州宜都县产玛瑙石①，外多砂泥渍，击去粗表，纹理旋绕如刷丝，间有人物鸟兽云气之状，土人往往求售博易②于市。泗州盱眙县、宝积山与招信县皆产玛瑙石③，纹理奇怪。宣和④间，招信县令，获一石于村民，大如升，其质甚白。既磨砻，中有黄龙作蜿蜒盘屈之状，归于内府。

【注释】

①峡州:今湖北省宜昌市。宜都县：最早设立于南朝陈天嘉元年（560），隋开皇十一年（591）改为宜昌县。

②博易：交易，贸易。

③泗州：今江苏省。盱（xū）眙(yí)：西汉时改盱台县置，属临淮郡。宝积山：今安徽省马鞍山市采石镇以北。

④宣和：1119—1125年，宋徽宗年号。

【解读】

　　玛瑙石产自峡州宜都县的玛瑙河流域，石头表面有泥沙和污渍，除去粗糙表皮，会发现石头上有缠绕的

一片冰心在玉壶（玛瑙石）

坐看云起（葡萄玛瑙石）

刷丝纹理，有的像人物，有的像鸟兽，有的像云气，等等。玛瑙石的颜色极为丰富，有白、红、兰、紫、灰等色，这些颜色是微量金属或有色矿物作用于石头所形成的，有鲜明的通透感。玛瑙具有瑰丽、坚硬和稀有的特点，通常作为名贵的佩戴石，象征着美丽、幸福和吉祥。

除了峡州宜都县之外，泗州的盱眙县、宝积山与招信县等地也出产玛瑙石。宣和年间，招信的县令从村民处得到一块奇石，颜色很白，工匠开凿雕刻，把它修饰成一条蜿蜒的黄龙，进献给了皇宫。

我国古代的玛瑙源于西域，据魏文帝曹丕《玛瑙勒赋序》记载："玛瑙，玉属也，出自西域，文理交错，有似马脑，故其方人因以名之。或以系颈，或以饰勒，美而赋之。"这里的"文理交错，有似马脑"非常形象，是"玛瑙"名称的出处。

奉化石

明州奉化县①诸山大石中，凡击取之，即有平面石，色微黄而稍润，扣之无声。其纹横裂两道，如细墨描写一带夹径寒林，烟雾朦胧之状，或如浓墨点染成高林，与无为军②所产石屏颇相类，但质顽矿③。凡镌治旋薄则纵横断裂，亦可加工磨砻为研屏，土人不知贵。

【注释】

①明州：今浙江省宁波一带，最早设立于唐开元二十六年（738）。
奉化县：唐开元二十六年（738）析县置奉化县。
②无为军：今安徽省无为县无城镇，范围包括巢县城口镇，领巢县、庐江县等。
③顽矿：坚硬的石头。文中是指石头质地坚硬，很难磨制。

【解读】

奉化石产自浙江宁波附近的山里，质地润泽，敲击时不会发出声音。奉化石体量粗大，表面的纹理好像用细墨描画的树林，中间还有弯曲的小径。其颜色主要是淡黄色。奉化石可以制成珍贵的砚屏，但是当地人却并不知道此石的珍贵。开采奉化石需要把巨大的石块敲碎，才能得到完整的石头。这种石头在采掘过程中，石面非常容易断裂，开采起来不容易。

吉州石

吉州数十里土中产石，色微紫，扣之有声，可作砚，甚发墨，但肤理颇矿燥，较之永嘉华严石为砚差胜。土人亦多镌琢为方斛诸器。

注：本条上卷已经收录，这里是重复出现。

金华石

婺州金华山有石①，如羊蹲状。予于僧寺见之，耳角尾足，仿佛形似，高六七尺，传云黄初平叱石之山②，正与笔谈中所载无异，但未见偶者。

【注释】

①婺州：今浙江省金华市。金华山：龙门山的余脉，北隔墩头盆地与龙门山脉相连。

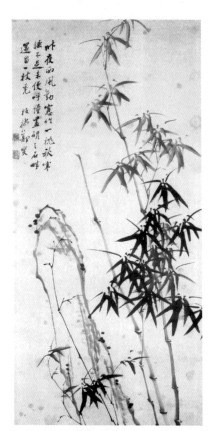

《竹石图》郑板桥（清）

②黄初平叱石之山：晋葛洪在《神仙传》中记载的故事。

【解读】

金华石产自浙江省金华市。金华附近的金华山上出产了一块好似蹲羊的石头，杜绾曾经在寺庙里见过，有六七尺高，其耳朵、犄角和尾巴与真羊十分相似，与晋葛洪在《神仙传》中的记载基本一致。杜绾经过考察认为：所谓黄初平叱石成羊，不过是一块貌似白羊的石头而已。

杜绾对石头的欣赏和研究，并不是人云亦云，而是建立在实践的基础之上。据统计，《云林石谱》中提到的英石、全州石、金华石、兰州石、鱼龙石和穿心石等十几种奇石都是经过他实地考察的。

松滋石

荆南府松滋县①，溪水中出五色石，间有莹彻②，纹理温润如刷丝，正与真州③玛瑙石不异，土人未知贵。

【注释】

①荆南府：今湖北省荆州市。松滋县：今湖北省宿松县，最早建县是在汉文帝十六年（前164）。
②莹彻：莹洁透明。
③真州：今江苏省仪征。

【解读】

松滋石产自荆南府松滋县的溪水中，属于水冲石。其质地晶莹透明，外形可爱小巧，石头表面有细密的纹理。松滋石色彩斑斓，可用于建造园林山石景观。

杜绾在《云林石谱》中提到的类似"玛瑙"的石头还有白马寺石、密石、六合石和柏子玛瑙石等。

菩萨石

嘉州峨眉石与五台山石出岩窦中①，名菩萨石。其色莹洁，状如太山、狼牙、信州、永昌之类②。映日射之，有五色圆光，其质六棱。或大如枣栗，则光彩微茫。间有小如樱珠，五色灿然可喜。

【注释】

①嘉州：今四川乐山。峨眉：峨眉山，位于峨眉山市西南7公里的地方，为我国四大佛教名山之一。五台山：我国佛教四大名山之首，位于我国山西省的东北部，海拔最高处在北台，被称为"华北屋脊"。岩窦：山岩上的洞穴和岩洞。
②状如太山、狼牙、信州、永昌之类：这四个地方都出产奇石，《云林石谱》对此都作了相关介绍。

【解读】

菩萨石又称"峨眉石"，产自四川乐山的岩穴中，和太山、狼牙、信州和永昌等地出产的石头相似，晶莹透亮，在太阳光的照射下，会看到石头上面具有五彩斑斓的六角形光圈。菩萨石大小不一，其中有一些枣核大小的，光泽度稍差一些。而一些樱桃大小的，其色彩绚丽，令人喜不胜收。

菩萨石是佛教七宝之一，古往今来，很多人都把它当成一种护身符戴在身上来辟邪。此外，菩萨石还可以入药，具有解毒、

峨眉山云海

化瘀、通经、消肿和除淋等效用。宋晁公溯在《谢王元才见惠峨眉山菩萨石》中赞美峨眉菩萨石："久闻光明山，下有太古雪。大冬剧严凝，厚地愈融结。峥嵘成层冰，千岁终不灭。野翁因斸荒，得此走城阙。初非人磨砻，真是天剖劂。形模如圭长，颜色逾玉洁。巨细皆晶荧，表里俱洞澈。或疑普贤化，谁得昆吾切。太阳一照曜，神光时发越。诚宜置宴坐，相伴修白业。可配寒露壶，清泠濯明月。"菩萨石历时"太古"，经历了许多磨砺，才会如此神奇，因而"或疑普贤化"。

于阗石

于阗国①，石出坚土中，色深如蓝黛，一品斑斓，白脉点点光灿，谓之金星石②。一品色深碧光润，谓之翡翠。屡试之，正可屑金。润而无声。然石之一段凡广仞③余，择其十分之一二，无纤毫瑕玷④者极少，故所产处，贵翡翠而贱金星。

【注释】

①于阗国：今新疆维吾尔自治区和阗（和田）县。
②金星石：又称"砂金石"，是一种砚石。这种石头含有云母细片，光彩耀目如星，故名。

和田白玉"渔家乐"（清）

昆仑山

③仞：古代计量单位之一，一仞为周尺七尺或八尺，周尺一尺约为
　现在23厘米。
④瑕玷：玉石上的瑕痕。

【解读】

　　于阗石即和田玉，产自被称为"万山之祖"的昆仑山，有
"玉中之王"的美誉。秦代李斯在《谏逐客令》中称和田玉为稀
世珍宝。

　　和田玉的质地润泽，敲击时不会发出声响。其颜色绚丽，有
白、青、黑、黄、红等色。其中最珍贵的是白玉中的羊脂玉。和
田玉曾被制成礼器、摆件、文房用具等。我国历史上现存的最大

玉件是北京故宫乐寿堂的"大禹治水图"，上面还有乾隆亲笔题的诗。

除了和田玉，和田还出产一种石头，在白色的脉络上有点点光芒，所以被称为"金星石"。此外，还有一种叫作"翡翠"的石头，呈碧绿色，质地润泽，十分坚硬，但是多瑕痕。

《大禹治水图》玉山子（清）

黄州石

黄州江岸与武昌赤壁相对①，江水中有石，五色斑斓，光润莹彻，纹如刷丝。其质或成诸物像，率皆细碎。项因东坡先生以饼饵易于小儿②，得大小百余枚，作《怪石供》，以遗佛印③，后遂为士大夫所采玩。

【注释】

①黄州：今湖北省东部、长江中游北岸、大别山南麓的广大地区。江岸：文中是指长江北岸，汉口东北部。武昌：名字取自"以武治国而昌"的意思。赤壁：文中是指湖北黄冈的赤壁，大诗人苏轼曾经在此写下《赤壁赋》。另外，湖北还有一处赤壁，东汉末年赤壁之战就是发生在这里。

②饼饵：饼类食品的统称。易：交换。

③佛印：北宋金山寺一位名僧的法号，名了元，字觉老，宋神宗曾赠号"佛印禅师"。历史上，佛印与苏东坡私交甚好。

【解读】

黄州石产于现在的湖北省东部、长江中游北岸、大别山南麓地区。这种石头温润透亮，纹理细密，色泽亮丽，五彩斑斓。黄州石的体量大小不一，大的有西瓜般大小，小的则像一颗豆粒。其主要用途是用来把玩。

《枯木竹石图》苏东坡（宋）

有一次，苏东坡用饼食从孩子们手中换了百余枚大小不一、形状各异的石头，并在家中把玩欣赏。他把其中的一些石头送给了佛印和尚，此后士大夫们开始流行欣赏把玩这种石头。

本条大概是杜绾根据苏轼对黄州石的记载而写成的。苏轼曾经把黄州石放在水中观赏，石头的色泽、纹理和图案都纤毫毕现，十分美妙，于是有了"千金难买水中色"的说法。

华严石

温州①华严石出水中，一种色黄，一种黄而斑黑，一种色紫，石理有横纹，微粗，扣之无声，稍润。土人镌治为方圆器，紫者亦堪为砚，颇发墨。

【注释】

①温州：今浙江省温州市，最早设立于东晋明帝太宁元年（323）。

【解读】

华严石也叫"罗浮石"，产自浙江省温州市江北岸的罗浮山和华严山。这种石头质地稍润，敲击无声，石上有微粗的横纹。华严石有黄色、紫色，还有的黄中带黑。当地人把华严石雕刻成

《水墨立石图》郑板桥（清）

器物或制成砚台，易于发墨。

华严石历来受众多的文人雅士所喜爱。例如晋代大书法家王羲之在《法帖》中记载："近得华严石砚颇佳。"米芾《砚史》"温州华严尼寺岩石"条云："石理向日视之如方城石，磨墨不热，无泡，发墨生光，如漆如油，有艳不渗，色赤而多有白沙点，为砚，则避磨墨处。比方城差慢，难崭而易磨。亦有白点，点处有玉性，扣之声平无韵。"

白马寺石

河南府白马寺①之野中，每大雨过，土中多获细石，颇碎。一种色深绀②绿，类西蕃马价珠③。一种色稍次，一种色淡绿，纹理多斑剥，鲜有莹净者。间有刻成物像，其大不过如梅李④。色深绿者，价甚穹⑤。此石产外国，盖西洛故都之地乃有之。又有于土中获铜带钩⑥，填以七宝⑦，杂诸细石，粲然可喜。

【注释】

①河南府：今河南省洛阳市。白马寺：建立于东汉永平十一年（68），

河南省洛阳市白马寺（图片提供：FOTOE）

位置在河南省洛阳市以东大概十二公里，是中国最早的寺院之一。其名字出自《洛阳伽蓝记》卷四中的诗句："时以白马负经而来，因以为名。"

②绀（gàn）：微带红的黑色。

③西蕃：也写成"西藩"，我国古代西域一带及西部边境地区。马价珠：一种翠色的宝珠。

④梅：酸果，梅树的果实。李：就是李子。

⑤穹：文中是指极高的价格。

⑥带钩：束腰革带上的钩，大多是用铜制成的，也有使用铁或玉制作的。

⑦七宝：佛教用语之一，指的是七种珍宝，具体包括砗（chē）磲（qú）、玛瑙、水晶、珊瑚、琥珀、珍珠、麝香七种。七宝也多用来形容使用多种宝物装饰的器物。

中卷

【解读】

白马寺石出产于河南洛阳，这种石头比较细碎，其表面还有斑斑点点且有剥落的纹路，和西域各国的翠绿色马价珠十分相似。白马寺石的颜色有深青绿、淡绿等，但是很少有晶莹剔透的。白马寺石可以被雕刻成各种器物，像梅子、李子一样大小。

宋代时，在白马寺附近的田野中，每次大雨过后，就会出现很多细碎的白马寺石。这些石头来自国外，后来被带到洛阳。还有田地里发现的铜带钩，上面镶嵌着各种珠宝和奇石。

在古代，马价珠主要来自于西域，这是一种翠绿色的宝石，当时一个水晶珠可以换一匹马，所以称为"马价珠"。李时珍在《本草纲目·金石一·宝石》中说："翠者名马价珠。"

密　石

密州①安丘县，玛瑙石产土中，或出水际，一种色嫩青，一种莹白，纹如刷丝，盘绕石面，或成诸物像，外多粗石结络，击而取之，方见其质。土人磨治为砚头之类以求售，价颇廉。初不甚珍，至有材人以此石迭为墙垣，有大如斗许者，顷因官中搜求，其价数十倍。

【注释】

①密州：今山东诸城，位于山东半岛的东南部。

攀登珠穆朗玛峰（河南密玉雕）

【解读】

密石又称"密玉"，产自今山东诸城地区。这种石头比河南新密出产的密玉质地稍差。密石有的生在水中，有的则生在土中，石头外表常常被杂石所覆盖，只有把覆盖物除去，才能露出其真实面目。密石的形态各种各样，表面有精细盘旋的纹理，其颜色十分绚丽，有绿、白、黑、浅绿、深绿、肉红等颜色，其中以深绿色的最为珍贵。密石的主要用途是制作小型玉器和首饰，如烟嘴、手镯等。此外，当地人常常把密石打磨修饰成砚台，拿到市场上出售。

据杜绾记载，最初，密石并不珍贵，有人甚至用它来砌墙。后来，由于官府的搜罗，这种石头越来越少，它的价格自然也水涨船高了。

河州石

河州①石其质甚白，纹理遍有斑黑，鳞鳞如云气之状，稍润，扣之微有声。土人镌治为方斛诸器。

【注释】

①河州：今甘肃省临夏回族自治州。

【解读】

河州石产自今甘肃临夏回族自治州，这种石头质地润泽，敲击时会发出细小的声音。石头的表面满是黑色的石斑，就像层层的云雾一样盘绕。河州石主要是白色。当地人常常把这种石头磨制成方形的斛斗等器物。

祈阇石

鼎州祈阇山出石①，石中有黄土，目之为太乙余粮②，色紫黑。其质磊硊，大小圆匾，外多沾缀碎石，涤尽黄土，即空虚，间有小如拳者，可贮水为砚滴③，或栽植菖蒲④，水窠⑤颇佳。

【注释】

①鼎州：今湖南省常德市一带。祈阇山：河洑山，又叫作"武山"，在常德市西郊5公里的地方。
②太乙余粮：药名，石类。

青玉卧凤砚滴（明）

中卷

129

③砚滴：文房用具之一，用于滴水入砚，也叫作"水注"。

④菖蒲：多年水生草本植物，也叫作"水菖蒲"、"白菖蒲"等。菖蒲的叶子狭长，花是淡黄色，有香气。菖蒲与兰花、水仙、菊花一起被称为"花草四雅"，深受人们的喜爱。菖蒲可以用来提取香油、淀粉和纤维，其根茎还可以入药。端午节时，人们常把菖蒲和艾叶绑在一起挂在门前，据说这样可以防疫驱邪。

⑤水窠（kē）：窠，昆虫、鸟兽的巢穴。"水窠"在文中是指太湖石，这种石头上有很多洞孔，玲珑剔透，可以用来装饰假山。

【解读】

祈阇石产自今湖南常德祈阇山，其形状各异，有圆形的，也有扁形的，大小差距也很大。其表面沾有许多黄土，看上去好像是太乙余粮。洗去石上的土后，就能发现石头的中间是空的。祈阇石可以被制作成砚滴，也可以作为栽种菖蒲储水的容器。

砚滴又叫作"水滴"，储水供磨墨使用，做工比较精致。在湖南，人们多使用祈阇石来制作砚滴。除此之外，金属、玉石、陶瓷也多被制成砚滴。

紫金石

寿春府寿春县①，紫金山石出土中，色紫，琢为砚，甚发墨，扣之有声。余家旧有"风"字样砚，特轻薄，皆远物故也。

曾经沧海（紫金石）

【注释】

①寿春府：今安徽省寿县。寿春县：设置于秦朝，东汉时寿春邑改
　称寿春县，属扬州。

【解读】

　　紫金石出产于现在的安徽省寿县的紫金山中，质地润泽，敲
击有声。其具有金黄色的纹路，十分鲜明，具有很强的观赏和收
藏价值。紫金石是紫色的，是著名的观赏石，由于利于发墨，
主要用来制砚。杜绾家就藏有一块紫金石制成的"凤"字砚，
轻且薄。

　　唐宋时，紫金石就已经享有盛名，米芾在其传世书法《紫金
帖》中说："新得紫金右军乡石，力疾书数日也。吾不来。果不
复用此石矣！"清代大书画家郑板桥在《题丁有煜砚铭》中说：
"南唐宝石，为我良田，缜密以粟，清润而坚，麋丸起雾，麦光浮烟，万言日试，倚马待焉，降尔遐福，受禄于天，如山之寿，于万斯年。"

宋代初期，由于多年持续开采，紫金石矿脉已经匮乏。所以，杜绾说道："皆远物故也"。

绛州石

> 绛州①石出土中，其质坚矿，色稍白，纹多花浪，颇类牛角，土人谓之"角石"②。琢为砚，滑而不发墨，惟可研丹砂。

【注释】

①绛州：今山西省运城市新绛县。宋代时，改为雄州，包括正平、曲沃、翼城、太平、稷山、绛、垣曲七县。

②角石：震旦角石，是一种古生物死后所形成的化石。

【解读】

绛州石产自现在的山西省运城市新绛县，质地坚硬粗犷，带有花朵水浪般的纹理，极像牛角，所以又叫作"角石"。此石是白色，古时人们将其雕琢成砚台，但是由于它光滑不易发墨，所以只能研磨丹砂。

本条中所说的角石，放倒时好像是一座宝塔，所以又称"宝

震旦角石（图片提供：微图）

塔石"。它形状如同圆锥，一头尖，一头宽，表面还有很多环状圈，好似竹笋。角石凿磨后，造型高贵典雅，可用来陈设观赏。

蛮溪石

辰州蛮溪水中出石①，色黑，诸蛮取之砻刃。每洗涤，水尽黑，因名"墨石"，扣之无声，仿佛如阶州②者。土人琢为方斛器物及印材，粗佳。

嫦娥奔月砚(罕见的黄标玄墨石)

【注释】

①辰州：今湖南沅陵。蛮溪：蛮是我国古代对南方各族的统称，五
　溪蛮也叫作"武陵蛮"，其名字源于湘西、黔、川、鄂交界处的
　五条溪流。文中的"蛮溪"泛指南方溪流。

②阶州：今甘肃省陇南市武都区，陇东南区域中心城市之一。

【解读】

　　蛮溪石出产自现在的湖南沅陵的溪流中，质地坚硬，敲击
时不会发出声响，和阶州的奇石十分相似。它的颜色主要是黑
色，当地人通常用其磨刀刃、制作方斛或者印章。由于用水冲
洗蛮溪石，水就会变成黑色，所以此石又称"墨石"。蛮是我
国古代对南方各族的统称，五溪蛮也叫作"武陵蛮"，其名字
源于湘西、黔、川、鄂交界处的五条溪流。文中的"蛮溪"泛
指南方溪流。

箭镞石

临江军①新淦县数十里，地名白羊角，凌云②岭顶，上平如掌，皆古时寨基。地中往往获古箭镞，锋而刃脊，其廉可刿③。其质则石，长三四寸许，间有短者。此孔子所谓"楛矢石砮"④，肃慎氏之物也。按，《禹贡》：荆州贡"砥、砺、砮、丹，惟箘、辂、楛"⑤，梁州贡"璆、铁、银、镂、砮、磬"，则楛矢石砮，自禹以来贡之矣。春秋时，隼⑥集于陈庭，楛矢贯之，石砮长尺有咫。又有石甲叶⑦，形如龟背，纹稍厚。石斧大如掌，有贯木处，率皆青坚，击之有声。

【注释】

①临江军：最早设立于宋淳化三年（992），包括清江、新淦、新喻三县，治所清江在今江西樟树临江镇。新淦县：今江西新干。

②凌云：直上云霄。

③廉：棱角。刿（guì）：割开，刺伤。

④楛（hù）矢：用楛木做杆的箭。楛，荆类植物，茎可以用来制作箭杆。砮（nǔ）：石制的箭镞。

⑤丹：赤色丹砂。箘：木本植物，茎中空，直径达五六英寸。辂（lù）：古代车辕上的横木。

⑥隼（sǔn）：也叫作"鹘"。一种鸟，有钩曲状的嘴，窄尖的翅膀，
    青黑色的背，白色的尾尖，黄色的腹部。经过驯化后，能帮人打猎。
⑦甲叶：铠甲上的叶片。

【解读】

　　箭镞石产自距离临江军新淦县十里的白羊角，质地坚硬，敲
击有声，其纹理十分厚重，主要是青色。

　　白羊角上的山岭直入云霄，山顶却异常平坦，遍布着以前建造
山寨所留下的地基，经常能捡到古代的石质箭镞，很薄很锋利，可
以用来切割东西。这大概就是孔子所说的用楛木做杆的箭和石质
箭头，当年肃慎氏曾经把它进献给周王。据《禹贡》记载：荆州进
贡的是"粗磨石、细磨石、造箭镞的石头、丹砂和美竹、楛木"，
梁州的贡物是"美玉、铁、银、钢铁、作箭镞的石头、磬"。春秋
时，仲尼在陈国时，鹰隼聚集在陈国的庭院，被砮石箭所射杀。
此外，这里还发现了乌龟壳一样的石制铠甲叶片，还有手掌般大
小的石斧，上面有凿好的孔洞。

　　本条中提到了很多孔子的典故，与"掘井得人"、"三豕涉
河"等典故一样，这些都说明了孔子知识的渊博。《云林石谱》作
为奇石专著，对作者的学养要求极高。杜绾在写作本书的时候，
已经认识到了自己工作的重要性，所以他是充满自信的。

上犹石

虔州上犹县①，山土中出石，微紫，质稍粗，多浅黑，斑点三两，晕②绿色，堪作水斛或阑槛③。好事者往往镌砮甃④地面，全若玳瑁。

【注释】

①虔州：今江西省赣州市西南部。上犹县：后梁乾化元年（911）析南康县西南地置上犹场。
②晕：石头上的波纹或环形花纹。
③阑槛：栏杆。
④甃（zhòu）：砌垒砖石。

【解读】

上犹石产自现在的江西省赣州市西南部，质地粗糙，石上有点点滴滴的斑点，石斑的周围还有绿色的石晕。上犹石的表面有清晰的纹理，形成了各种奇妙的图案。其颜色是浅黑色，稍微发紫。上犹石主要用来装饰水斛和栏杆。也有人用它来铺设地面，好像玳瑁一样，十分漂亮。

上犹石是火山岩的变质岩，是冻

柔情似水（火山岩）

中国心（黄蜡石）

石和黄蜡石的结合体。它具有瘦、透、漏、皱、丑、秀等特点，有很高的欣赏价值、收藏价值和加工价值。宋代诗人刘黻在《蒙川遗稿》卷一《焦溪茶》中提到了上犹石，诗中说如果没有上犹石，就不会有上好的焦溪茶。这是因为古人吃茶需要一整套磨茶工具，而用上犹石制成的茶具是最好的。

螺子石

江宁①府江水中有碎石，谓之"螺子"。凡有五色，大抵全如六合县灵岩②，及他处所产玛瑙无异，纹理萦绕石面，望之透明，温润可喜。

【注释】

①江宁：今江苏省南京市。

②六合：今江苏省南京市六合区。古时称为"棠邑"，其名字来源于境内的六合山。灵岩：地名，在今南京市六合区，出产雨花石。

【解读】

螺子石出产自江宁府的江水中，这种石头和六合县灵岩以及其他地方出产的玛瑙十分相似。石头表面有美丽的花纹，透明晶莹，特别可爱。螺子石的颜色丰富，主要有红、白、黑、褐和紫色等。

山涧清溪图（雨花石）

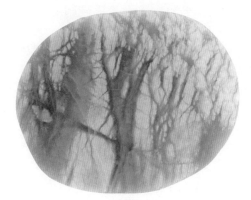

雨花石

　　螺子石是雨花石的一种，有"石中皇后"之誉。螺子石是石英、玉髓和燧石的混合物，从孕育到生成经历了三个阶段，分别是原生形成、次生搬运和沉积砾石层。在这一漫长过程中形成了独特的颜色和纹理。

下

卷

柏子玛瑙石

黄龙府①山中产柏子玛瑙石，色莹白，上生柏枝，或青或黄，甚光润。顷年白蒙亨②奉使北廷，北主③遗以一石，大若桃，上有鸲鹆④如豆许，栖柏枝上，颇奇怪。又有一种，中多空，不莹彻。予获一块，如枣大，可贮药数百粒。

【注释】

①黄龙府：今吉林省农安县，建立于 4 世纪中叶，是当时的军事、政治和经济中心。

②白蒙亨：白时中，字蒙亨，北宋寿州寿春人。曾经当过吏部侍郎、尚书右丞、中书门下侍郎等。

③北主：金太宗完颜晟。金朝第二位皇帝，1075—1135 年在位。

④鸲（qú）鹆（yù）：一种鸟，民间俗称"八哥儿"。

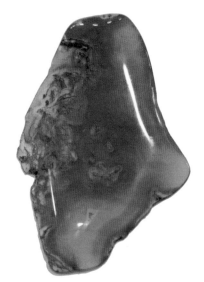

柏子玛瑙石

【解读】

　　柏子玛瑙石主要产地在今吉林省的四平、农安一带，是玉髓类奇石，由于其具有松柏枝叶状的花纹，故而得名。这种石头质地润泽，颜色丰富，这是由于在火山喷发过程中，地壳中的胶体溶液经沉淀所形成的胶体矿物中混入了许多微量元素。

　　杜绾在文中记述，白蒙亨出访金国的时候，金国的皇帝送给他一块桃子般大小的玛瑙石，这块石头上的图案十分奇特，有如同豆般大小的鹌鹑停靠在柏枝上。此外，还有一种带有许多孔洞的石头。杜绾曾有一块这样的石头，只有枣子般大小，孔洞中却可以放下几百颗药丸。

宝华石

台州天台县①石名宝华，出土中。其质颇与莱州②石相类，扣之无声。色微白，纹理斑斓。土人镌砻作器皿，稍工，或为铛、铫③，但经火不甚坚久。

【注释】

①台州：今浙江省台州市，其名字源于境内的天台山。天台县：五代时属越国，960年，改称天台，沿用至今。
②莱州：隋开皇五年（585）废郡，改光州为莱州。
③铛（chēng）：烙饼或做菜用的平底浅锅。铫（diào）：一种小锅，带有柄和嘴，可以煎药或烧水，易于携带。

【解读】

宝华石又叫作"百花石"，产自今浙江省天台县城东宝华山。这种石头质地细腻，和莱州石十分相似，敲击无声，其表面还有五彩斑斓的纹理。宝华石的颜色主要是淡淡的白色。

宝华石可以加工成印章、石枕和屏风等，也可以制成铛、铫来煮东西，但是不能长时间地炙烤。此外，宝华石还可以药用，在唐宋时期就是常用药剂。李时珍在《本草纲目》卷十"花乳石"中记述："主治金疮出血，刮末傅之即合，仍不作脓。又疗妇人血运恶血。"

石州石

石州①产石深土中，色多青紫，或黄白，其质甚软，颇类桂府滑石②，微透明。土人刻为佛像及器物，甚精巧，或雕刻图画印记，字画③极精妙。

【注释】

①石州：今山西省吕梁市离石区。
②桂府：今广西桂林地区，即秦之桂林郡。滑石：也叫作"画石"、"共石"等。
③字画：指的是雕刻在石头上的纤细文字和刀印划痕等。

【解读】

石州石产自今山西省吕梁市的离石区，这种石头生在土中，质地较软，很像桂州府的滑石，微透明，色泽明快，其颜色主要是青紫色和黄白色，当地人把它雕刻成佛像、图画印章等物品，精细巧妙。

滑石是硅酸盐矿物之一，由于其质软且滑腻，添加到陶瓷坯料和釉料中，能降温并且改善釉面的粗糙度。此外，滑石还能作为药材，把它洒在发炎或破损的组织上，可以形成保护性膜，减少摩擦；它还可以吸收分泌液，促进伤口愈合；内服时，可以保护胃肠黏膜。滑石粉还可以抑制伤寒杆菌和副伤寒杆菌。

巩　石

巩州①旧名通远军。西门寨石产深土中，一种色绿而有纹，目为水波，断为砚，颇温润，发墨宜笔。其穴岁久颓塞，无复可采。先子②顷有大圆砚赠东坡公，目之为"天波"。

【注释】

①巩州：今甘肃省陇西附近，辖境包括现在的甘肃陇西、通渭、武山、定西和漳县等地。

②先子：祖先。

【解读】

巩石产自今甘肃的陇西附近，这种石头长在土层深处，其质地润泽，表面还有好似水波的绿色花纹。巩石雕磨成砚台，容易发墨，适合毛笔书写。宋代时，巩石的石坑就已经荒废，不能继续开采了。苏东坡有一块巨大的圆形巩石砚，称为"天波"。

庞公石又叫作"庞公玉"，其产地是甘肃清水县牛头河及小华山一带，与巩石接近。这种石头质地坚细，好似碧玉，还有红、黄、白、黑等颜色的纹理，像人物、禽兽、花草，还有的像江河。明清时期，庞公石作为贡品陈设于皇家园林中。

《职贡图》【局部】阎立本（唐）

燕山石

> 燕山①石出水中，名"夺玉"，莹白，坚而温润。土人琢为器物，颇能混真。

【注释】

①燕山：位于河北平原的北侧，海拔 400~1000 米，是褶皱断块山。

"碧水青峰"盆景（燕山石）（图片提供：FOTOE）

燕山石主要产自河北省北部和北京的燕山一带。这种石头生在水中，质地坚硬润泽，主要是白色。当地人常把燕山石雕刻成各种器物，仿若玉雕，几乎能以假乱真。但是宋代以后，燕山石渐渐变得不为人所知了。

历史上，河北省北部和北京的燕山地区一直是中原同蒙古高原和东北交通的枢纽地带，战乱纷繁，所以许多关于燕山石的传说也带有很强的战争色彩。《辽史拾遗》卷十四中说："燕山石鼓鸣则主有兵。"

桃花石

韶州①桃花石出土中，其色粉红斑斓，稍润，扣之无声，可琢器皿，或为镇纸。

【注释】

①韶州：今广东省韶关市，名字来源于城北的韶石。

【解读】

桃花石又名"桃花玉"、"花石"等，产自广东韶关。这种石头生在土中，质地坚硬温润，敲击无声，它的花纹大而清晰，好似珊瑚和开满桃花的树枝，令人赏心悦目。桃花石有红、黄、绿、蓝、紫等颜色，纹路精美，适宜雕刻，可以制成镇纸等器皿。

桃花石的历史悠久，据《长春真人西游记》记载：长春真人丘处机经过阿里玛城（今新疆霍城县境内）时，看见了中原汲器，说道"桃花石诸事皆巧"。

端　石

端州①今为肇庆府，石出斧柯山②，距州三十三里，所谓羚羊峡③对山也。凡四种，曰岩石，曰小湘石，曰后历石，曰蚌坑，而岩石最贵。山极高峻，以渔舟入一小溪，即蚌坑④。水陆行七八百步，至下岩；十许步至上岩，自上岩转而南，凡百余步，至龙岩⑤。上岩⑥各三穴，下岩一穴，半边山岩凡十余穴，然必以下岩为胜。龙岩乃唐初取砚处，色正紫而细润不及下岩。后得下岩，龙岩遂不复取之。今下岩石尽，遂取诸半边岩⑦，近亦塞矣，独上岩可取。下岩一穴，泉水溢岁久，石屑崩塞，虽千夫终岁功，亦不可得也。凡岩石有两壁，北壁石在水底，石色干则灰苍色，湿则青紫。眼⑧正圆，有瞳子晕数十重，绿碧白黑相间如画，青绿处作翡翠色，与下岩石相类。南壁石则水半石也，色微带黄，眼晕七八重，已不及北壁矣。上岩三穴，上穴即土地岩，中穴即梅珠岩⑨，下穴今俗呼为中岩。上穴、中穴色黄，眼亦赤黄色，今已塞矣。而下穴中亦能开其路，采石之处下无积水，上有泉滴如飞雨，石色干湿与下岩同，但稍多紫色。半边山诸岩，曰大秋风，曰小秋风，曰兽头，曰狮子，曰桃花，曰河头，曰新坑，曰黄坑，其石亦类下岩，但眼晕只三四重，色赤白青碧可爱，惟层晕稍驳杂耳。米氏⑩《砚史》云：眼长如卵。各石三层之上，即复石也，石色燥甚。下即底石也，石色杂虽润，不发墨。凡三层之上，从上第一层谓之顶，石皆紫；第二层腰，石或有眼，或无眼；第三层脚，石即无眼，大抵有眼石在水岩中，尤细润。下岩石谓之鸲鹆眼，上岩上穴谓之鹦哥眼，上岩下穴谓之鸡翁猫儿眼，半边山谓之雀儿眼、了哥眼，土人以此别之。

【注释】

皇十一年（591），唐天宝元年（742）改为高要郡，乾元元年（758）又改为端州。

② 斧柯山：清顾祖禹《读史方舆纪要·广东二·肇庆府》记载："高峡山、烂柯山在府东南四十六里，一名柯斧山。"

③ 羚羊峡：位于肇庆城区的东南部，在三峡之中，山高水深峡长，特别雄伟壮观。

④ 蚌坑：据《端溪砚谱》载：从斧柯山西南溯流而上，至山谷处则为蚌坑所在。蚌坑石产自山谷溪流中，当地的百姓称之为"野石"。

⑤ 龙岩：从上岩转至斧柯山背部的地方。唐代时，人们就在这里采砚。由于下岩的石头比龙岩要好，所以这里就慢慢地废弃了。

⑥ 上岩：中岩往上就是上岩。《砚史》中记载：上岩在山上，石头是紫色，纹理粗糙，质地坚硬，石眼发青，色泽暗淡。

⑦ 诸半边岩：《端溪砚谱》记载：从斧柯山下向东就是半边山诸岩所在地，这个地方的石头纹路和上岩相似，石色青紫，杂质颇多。

⑧ 眼：砚石上的一种圆形纹，像鸟的眼睛，故名。

⑨ 梅珠岩：宋高似孙《砚笺》记载：上岩有三处坑穴，中穴称为梅珠岩。

⑩ 米氏：米芾。

【解读】

端石产自今广东肇庆附近的斧柯山，这里和羚羊峡相对。端石的质地细腻滋润、坚实致密、纯净如玉，敲击有声，主要是紫色。其主要用于制作砚台，使用端砚研出来的墨汁柔润细腻，不会损伤毛笔的毫尖。

斧柯山山势险峻，出产四种石头，分别是岩石、小湘石、后历石和蚌坑，其中以岩石最为昂贵。据杜绾记述，乘船到蚌坑，再走大概七八百步就到了下岩，过了下岩再走十几步就到了上岩，上岩南面一百多步就是龙岩。上岩有三个洞穴，下岩有一个洞穴，半边山岩有十余个洞穴，下岩所产的石料品质最佳。唐代初期，人们在龙岩开采石料，制作石砚，不如下岩的石头细腻。后来，人们开始在下岩采集石料，下岩的石料渐渐变得枯竭。于是人们又开始在诸边岩穴采集石料。
到了宋代，只有上岩还有石
料可以开采。下岩虽然有一
处洞穴，但是受泉水浸泡，石
头塌方堵塞坑道，无法再开
采。岩石有两壁，北壁石在水
底，干燥时为灰苍色，湿润
时则为青紫色，石上有圆形
的石眼，石眼周围是层层晕
圈，十分美丽。南壁石有一半
露出水面，颜色是淡黄色，
其质地比北壁石差很多。上
岩的三个洞穴中：土地岩是
上穴，梅珠岩是中穴，中岩
是下穴。土地岩和梅珠岩的
石头均是黄色，石上的石眼
也是黄色，这两种石头现在
已经无法开采了。而下穴中
还有完好的道路，洞底也没
有积水，石头和下岩石的颜
色相似。半边山诸岩，叫作
"大秋风"、"小秋风"、
"河头"、"兽头"等，这些
石头的质地和下岩石相似，
红白青碧相间，但是石眼只
有三四重晕。这就是米芾在

端石荷叶砚（清）

端石九眼方砚（清）

带盒长方形端砚（清）

《砚史》中说的：石眼像卵一样。三层以上的端石就被称为"复石"。下面的底石颜色杂乱，质地虽然润泽，但是不能研磨出浓厚的墨汁。三层以上的石洞，自上而下第一层是顶岩，为紫色；第二层是腰岩，有的有石眼；第三层是脚岩，上面没有石眼。下岩石的石眼又叫作"鸲鹆眼"；上岩上穴石头的石眼叫作"鹦哥眼"；上岩下穴石头的石眼叫作"鸡翁猫儿眼"；半边山石头的石眼叫作"雀儿眼"、"了哥眼"。当地人就是依靠这种方式来区别不同质地的端石。

砚台的起源最早可以追溯到新石器时代，1980年，考古学家在陕西省临潼县发掘出一套陶器彩绘工具，包括一方石砚，还有几块颜料。显然这是先人用磨杵研磨颜料所用的砚台，据估算，这方砚台实际已经超过五千年。

殷商初期，砚开始成熟起来，随着青铜器的大量使用，出现了铜砚。汉代时，出现了人工墨，这种墨在研磨的时候不再需要墨杵了。唐宋时期，砚台进入了发展的辉煌时期，出现了"端、歙、洮"三大名砚。其中端砚是群砚之首，最早产于唐初武德年间（618—627），比较有名的砚坑有老坑、宋坑、大坑头、飞鼠岩、石梯岩、青点岩和古塔岩等，其中最为著名的是唐代的老坑、宋代的坑仔岩和清代的麻子坑，被称为端溪三大名坑。

根据坑洞来给端砚划分等级，欧阳修曾经说道："端溪以水岩为上品，龙尾以深溪为上品，若论二者之优劣，则龙尾远在端溪之上也。"端石的开采过程十分艰险，诗人李贺曾经评说："端州石工巧如神，踏天磨刀割紫云。"

小湘石

　　小湘石在端州之西四十里，石色紫，稍燥，间有眼，眼者类雀眼，但无瞳子①。后历石在端之北十里②，色赤紫，质极细，不甚润，石性极软，间有眼者，但一两晕。蚌坑在下岩山之下一小溪，今岁久，山中崩落之石，为风日所侵，性坚顽，极不发墨，石色正紫莹净，间有眼，无层晕，色驳杂。大抵诸石在穴中，正如石榴子隔瓜瓠③，中有其质。石璞各有笼络，中有砚材大小，既施斧凿，十分之中，可得三四许。又有一种圆如瓜瓠，中有其质，谓之子石④，尤佳极，鲜得之。下岩之价，二十倍于上岩下穴；上岩下穴之价，十倍于半边山诸坑；半边山价十倍于小湘，小湘价倍于蚌坑，后历绝品，亦不过十来千。

【注释】

①瞳子：瞳孔，指代眼睛。

②后历石在端之北十里：端州北十里的后历山出产的名石。

③瓠（hù）：又叫作"瓠瓜"、"葫芦瓜"和"付子瓜"等，一种草

本植物，夏天开花，果实是长圆形，可以当菜吃。瓜瓝泛指瓜类作物，
文中具体指的是石榴皮。

④子石：制砚所采用的上等石料。

【解读】

　　小湘石是端石的一种，出产于端州城以西四十里的地方。这
种石头质地干燥，上面还有好似雀眼的石眼，主要是紫色。

　　后历石出产于端州城北十里的地方，质地细腻润泽，有些有
石眼，石眼的周围有一两层圆晕，主要是红紫色。下岩山下有一
条叫作蚌坑的小溪，山中掉落的石头历经风吹日晒，变得十分坚
硬，很难发墨。这种石头是紫色，有晶莹润泽的光芒，有的还有
石眼，只是石眼的周围没有圆晕。整体来讲，坑穴中的石材就像
石榴的果肉和石榴籽被石榴皮紧紧包裹一样。这些含有砚材的
石头被各种杂石包裹。还有一种瓜形石头，中间有上好的砚材，
叫作"子石"，十分珍贵。下岩石的价值是上岩下穴的二十倍，
上岩下穴的价值是半边山诸坑的十倍，半边山的价值是小湘石
的十倍，小湘石的价值是蚌坑石的十倍。后历石是最高级的石
头，也不过值十来千钱。

婺源石

　　徽州婺源①石产水中者，皆为砚材，品色颇多。一种石理有星点②，谓之龙尾，盖出于龙尾溪，其质坚劲，大抵多发墨，前世多用之。以金星③为贵，石理微粗，以手擘④之，索索有锋铓⑤者尤妙。以深溪为上，或如刷丝罗纹，或如枣心瓜子，或如眉子⑥两两相对。又一种色青而无纹，大抵石质贵清润发墨为最。又有祁门县⑦文溪所产，色青紫，石理温润发墨，颇与后历石差等⑧，近时出处价倍于常。土人各以石材厚大者为贵，理微粗。又徽州歙县⑨地名小沟，出石亦清润，可作砚，但石理颇坚，不甚刲墨，其纹亦有刷丝者，土人不知贵也。

【注释】

①徽州：最早设立于隋文帝开皇九年（589），宋徽宗宣和三年（1121）正式命名为徽州。范围包括现在的安徽黄山、绩溪及江西婺源。
　婺源：古徽州六县之一。
②星点：如点点星辰。
③金星：也叫作"砂金石"，含有云母细片，有金星般的耀眼光芒，因此而得名。
④擘：大拇指，文中是指抚摸。

⑤锋铓：锋芒。

⑥眉子：一种砚石，产于安徽歙县眉子坑，纹理好像两两相对的眉毛。

⑦祁门县：古徽州六县之一，最早设立于唐武德五年（627），原来是歙州黟县和饶州鄱阳二县地。

⑧差等：等级，区别。

⑨歙县：徽州六县之一，最早设立于秦始皇二十六年（前221）。

【解读】

杜绾在本条中记录了婺源石的产地、颜色、质地、软硬和纹理等，提出了婺源石的评判标准，以特定的纹理来评判石头。这些内容不全是杜绾本人的研究发现，他也参照了当时人们品玩砚石的审美标准。

婺源石产自徽州，质地坚硬，表面较粗糙。婺源石上多纹理，有的好似天上的繁星，叫作"龙尾"。有的石头上有金星，虽然外表粗糙，但抚摸时有金属的质感，十分珍贵。有的石头满是罗

蝉形歙砚（宋）

仿宋抄手歙砚（明）

带盒蝉形四足歙砚（清）

纹，有的具有形似枣心、瓜子或眉毛的纹理。此外，还有一种没有纹理的青色石头，其石质清润，易于发墨，多被制成砚台。

　　除了徽州的婺源石，祁门县的文溪出产一种青紫色的石头，质地润泽，易于发墨，甚至可以和后历石相提并论。当地人认为，此石虽然纹理粗糙，但是厚重巨大的石材比较有价值。徽州歙县有个叫小沟的地方出产一种石头，质地清亮润泽，可以被制成砚台。这种石头十分坚硬，其纹理有刷丝。

　　歙砚是中国四大名砚之一，与端砚齐名。它主要出产于古歙州（现在的安徽省歙县、黟县、休宁和江西婺源等地）。歙砚起源于唐代，到了南唐时，歙砚受到极大的推崇，中主李璟特地在歙州设置了砚务，并任命制砚高手李少微为砚务官。后主李煜对歙砚极为喜爱，把歙砚、澄心堂纸和李廷珪墨称为天下冠。宋代时，歙砚得到了很大发展，开采规模也不断扩大，出现了众多歙砚精品。当时的书法家蔡君谟赞美说："玉质纯苍理致精，锋芒都尽墨无声。相如闻道还持去，肯要秦人十五城。"元代以后，歙石的开采断断续续，但是歙砚仍是文人雅士们把玩的珍品。

通远石

> 通远军即古渭州①，水中有虫类，鱼鸣或作觅觅②之声。土人见者，以梃③刃或坚物击之，多化为石。色青黑温润，堪为砺，目之为质石。或长尺余，价直数千。凡兵刃用此磨治者，青光不镦④。

【注释】

①渭州：北宋时，渭州的范围包括现在的甘肃平凉、华亭、崇信及宁夏等地。

②觅觅：虫鱼发出的声响。

③梃（tǐng）：棍棒。

④镦（duì）：矛戟柄下端的平底金属套。文中形容掉落、褪去。

【解读】

通远石产自现在的甘肃平凉、华亭、崇信及宁夏一带，质地坚硬、温润，为青黑色，敲击有声。大的石头有一尺多，比较昂贵。通远石可以作磨刀石，用它磨过的刀枪剑戟，锋刃的光芒经久不衰。宋代时通远军是宋与西夏、辽交战的前线，由于军队经常在这里作战，要使用通远石来磨砺刀枪剑戟，于是通远石的价格也是水涨船高。

通远军是北魏时期渭州的治所，那里的水中有许多虫鱼，发出觅觅的声响。相传，当地人循着这些声音，用木棒或其他硬物猛击下去，有时候虫鱼就变成了石头。通远石产在水中，发现这种石头需要有经验的猎者，并需要虫鱼的帮助。应该是虫鱼的颜色和这种石头的颜色相似，所以虫鱼利用这种石头来躲避危险。

六合石

真州六合县①，水中或沙土中出玛瑙石，颇细碎，有绝大而纯白者，五色纹如刷丝，甚温润莹彻。土人择纹采或斑斓点处，就巧碾②成物像。

【注释】

①真州：今江苏仪征。六合：今南京市六合区。
②碾：磨制，雕琢玉石。

【解读】

六合石又叫作"雨花石"，其产地是现在的江苏省南京市六合区。这种石头一般藏在水底或者埋在沙中，其质地坚硬，比较细碎，但是偶尔也有体积较大的。六合石的形状多是不规则的椭圆形，就像琥珀一样晶莹剔透，表面还有五彩斑斓的刷丝纹理。六合石的种类主要有玛瑙、水晶、玉髓和燧石等，又分为细石和粗石两类，其中细石主要是玛瑙，而粗石则以石英和变质岩为主。六合石的颜色

水墨画意蕴的雨花石

主要是黄、红、绿和白色等。当地人根据六合石的巧妙之处，把它们雕刻成各种物品。

《云林石谱》中所收录的与雨花石相似的奇石有螺子石和玛瑙石等。

兰州石

兰州黄河水中产石，绝有大者，纹采可喜。间于群石中得真玉璞①，外有黄膘，又有如佛像，墨青者极温润，可试金②。顷年，余获一圆青石，大如柿，作镇纸，经宿连简册辄温润。后以器贮之，凡移时③，有水浸润。一日坠地，破而为三四段，中空处有小鱼一枚，才寸许，跳掷顷刻而死。

【注释】

①玉璞：璞是含有玉的石头，也用来指未经加工的玉。玉璞就是玉和璞，在文中是泛指品质不错的石头。
②可试金：黄河石质地坚硬，和有些金属的硬度相似。
③凡移时：不大一会儿。

【解读】

兰州石主要产自黄河上游刘家峡水库至宁夏青铜峡水库的黄河河道中。其质地坚硬，细腻润泽。其体积差距很大，大的有十

老夫老妻（黄河石）

甘肃刘家峡水库（图片提供：微图）

多尺，小的则好似米粒。它的色彩鲜亮，纹理层次分明。兰州石
是流水冲刷形成的，品种较多，可以作为园林石，也可以放在盆
景中观赏或者把玩。

黄河的河滩上经常会看到兰州石，有的石头外面包裹着黄色的外壳，好似佛像。有的是墨青色的，和金属一样坚硬。杜绾曾经得到过一块柿子般大小的黄河石，用来作镇纸，纸张都仿佛变得湿润了。

　　黄河石大概在上世纪的八十年代才开始作为鉴赏石被人们所重视，实际上宋代时，奇石鉴赏家就已经开始品评黄河石。这说明了黄河石早就被玩石人所认可，并声名远扬。按照黄河的干流来划分，黄河石可以分为青海黄河石、兰州黄河石、宁夏黄河石和洛阳黄河石等。黄河石不仅限于干流，支流出产的各种石头也是黄河石，例如《云林石谱》中所记载的"鱼龙石"就出产自黄河上游的支流洮河。

韵（黄河石 黄河兰州段）

从总体上看，杜绾的写作态度是实事求是的。例如他写道兰州石"可试金"，很符合实际情况。但是，他说道兰州石里面有可以"跳掷"的小鱼，是很荒谬的。他可能没有到过西北一带，这段文字极有可能是从其他书籍中抄录过来的。

方山石

台州黄岩县①有山名"方山②"，其山之颠状如斗，因以得名。凡地中所产石，不以巨细，率皆方形。有数色，其质稍粗。

【注释】

①台州：今浙江省台州市。黄岩县：今浙江省台州市黄岩区。
②方山：又叫作"方城山"，位置在现在的温岭西北部，是雁荡山八大景区之一。

【解读】

方山石又叫作黄岩石，主产地是浙江台州的方山，其质地坚硬，比较粗糙，形状多为方形。方山石有许多种颜色，如红、灰、黄色等。方山石主要用作观赏，其收藏价值不高。

方山石中比较有名的是台州郑乡黄岩山下的"黄岩枕流"，

大概有 6 米长，石中含有铁离子和硫离子，所以呈现出黄色和红色。石上的纹理好像"黄岩"两字，是古宁溪八景之一。

方山古称"永宁山"，位置在台州的黄岩县，它的山顶好像量米用的斗一样，十分方正，因此而得名。

鹦鹉石

荆南府有石如巨碑仆路隅①，色浅绿，不甚坚，名"鹦鹉石"。击取以铜盘②磨，其色可靖笙③。

【注释】

①荆南府：今湖北省荆州市一带。仆：向前跌倒。
②铜盘：也写成"铜槃"，商至战国时的一种水器，多为铜制。
③其色可靖笙：色，文中指的是音色。靖，即静。这句话意思是石头的音色清亮激越，胜过笙笛。

【解读】

鹦鹉石产自现在的湖北省荆州市一带，质地较软，和孔雀石十分相似。其颜色主要是深绿色和浅绿色，也有蓝色，夹杂着其他色彩。鹦鹉石主要用作观赏，价值颇高。

荆南府有一块"鹦鹉石"，好似巨大的石碑跌倒在路旁。把石头敲开再用铜盘磨砺，敲击发出的声音清澈响亮，胜过乐器。

鹦鹉石有三种：一种形状像鹦鹉，一种是鸟的化石，还有一种是地矿学所说的鹦鹉石，《云林石谱》中所说的鹦鹉石应该是第三种。

红丝石

> 青州益都县①，红丝石产土中，其质赤黄，红纹如刷丝，萦绕石面。而稍软，扣之无声，琢为砚，颇发墨。但石质燥渴，须先饮以水，久乃可用。唐林甫②彦猷顷作《墨谱》，以此石为上品器。

【注释】

①益都县：今山东寿光。
②唐林甫：唐询（1005—1064），字彦猷，钱塘人。曾经考中北宋天圣年间（1023—1032）的进士，担任过御史一职。他好书法，喜欢收藏砚台，著有《砚录》。

【解读】

红丝石产自现在的山东寿光，其质地稍软，敲击不会发出声音，具有红黄相间的色泽和红色的刷丝纹，在石面上组成漂亮的

红丝石

图案。红丝石是微晶质灰岩，把石头垂直剖开，会发现其纹理变幻无穷，构成了山水草木、阳光月晕，人物鸟兽等形状，千姿百态，独具特色，是高品位的观赏石。红丝石主要有两类：一类是天然无加工的红丝石；一类是磨制后的红丝砚赏石。

红丝石可以制成砚台，用它磨出的墨浓密而有光泽。由于这种石头很干燥，所以需要用水浇注才能使用。宋代唐彦猷在《砚录》中称红丝石是制作砚台的上品石料，对它推崇有加。

唐宋时期，红丝石就被称为诸砚之首。唐代著名书法家柳公权在《砚论》中说："蓄砚以青州为第一，绛州次之，后始论端、歙。宋代诸家多有论述。"

石　绿

　　信州铅山县①石绿，产深穴中，一种融结为山岩势，不甚坚。一种稍坚，于绿文如刷丝极深者，镌砻为器，向明示之颇光灿闪色。有一种淡绿或细碎者，入水烹研，可装饰。

【注释】

①信州：今江西省上饶县。铅山县：最早设立于五代南唐保大十一年（953），包括弋阳、上饶等地。

【解读】

　　石绿产自现在的江西省上饶县，有的质地较软，融合凝聚成岩石的样子。有的质地坚硬，上面满是绿色纹理，可以制成各种器物。把石绿拿到明亮的地方仔细观察，能发现石头散发出璀璨的光芒。

　　石绿是铜在空气中受潮后氧化形成的，成分主要是碳酸铜、氧化铁、氧化镁、黏土和砂等。石绿可作药用，还可以用作颜料。把淡绿色的细碎石料用水烹煮后，再细细地研磨，就得到了颜料。石绿根据细度可以分为头绿、二绿、三绿和四绿等，其中头绿最粗，四绿最细，可用作国画。宋代诗人陆游在《旅游》中说："螺青点出莫山色，石绿染成春浦潮。"除了当作颜料，石绿还可以药用。《本草纲目》卷十《石部·绿青》记载："石绿，阴石也，生铜坑中，乃铜之积气也。铜得紫阳之气而生绿，绿久则成石，谓之石绿。而铜生于中，与空青、曾青同一根源也，今人呼为大绿。"

泗　石

泗州竹墩镇①，玛瑙石出沙土中，其质磊魂，外多沙泥积渍，或如灰粉笼络。须击去粗面，中有本色微青白，稍莹彻，无刷丝纹，工人治为器物，颇不为珍贵。

【注释】

①泗州：今安徽省泗县。竹墩镇：今江苏省南京市六合区的竹镇，最早设立于北宋。

【解读】

泗石产自现在的安徽泗县，质地晶莹润泽，表面没有细密的纹理，玲珑剔透。泗石主要是青白色，可以制成各种器物。

泗州竹墩镇的沙土中有许多泗石，大大小小地堆积在一起，多数被沙石和泥土所包裹，只有敲碎外壳，才能露出其本色。

　　玛瑙石能形成于火成岩，也能形成于沉积岩中，但是它们的成色差异很大，文中所说的泗石只是其中一种。

矾　石

　　　鹳①巢中有石，亦名矾。或如鸡卵，色灰白，鹳于巢侧为泥池，多置鳅鳝之物蓄水中，以此石养之，每探取，则吞而飞去，颇难得。顷年，温州瑞安县②佛舍尝有鹳巢，因端午晨朝③，一人忽登屋谋取，为人所捕致讼，询之，云窃取可以致富，不利于寺。今本草④所载矾石，凡有数种，产汉川、武当⑤、西辽⑥诸处鹳巢中最佳。鹳尝入水冷，故取以温卵，今不可得之。

【注释】

①鹳（guàn）：十七种大型鸟类的统称，有灰白色或黑色的羽毛，长直的嘴，很像白鹤，鹳生活在江、湖、池沼附近，以捕食鱼虾为生。

②温州：今浙江省温州市。瑞安县：最早设立于三国吴赤乌二年(239)。

③晨朝：清晨，一大早。

④本草：泛指我国古代的药物书籍，始于《神农本草经》。

⑤汉川：今湖北孝感。武当：道教圣地武当山。

⑥西辽：契丹建立的国家，在1218年被蒙古帝国所灭。

【解读】

　　矾石产自鹳鸟的窝中，大小和鸡蛋差不多，呈灰白色。矾石是一味中药，可以祛寒湿、易肝气、明目、杀虫等。鹳鸟在孵卵的过程中会利用巩石给鸟卵降温，并祛除体内的寄生虫。

　　鹳鸟经常在巢边用泥做出小水池，把吃不完的鱼鳝和矾石放在池中。如果有人想偷走矾石，鹳鸟就会叼着矾石飞走。

　　杜绾在文中说，宋代时，温州瑞安县的佛寺中有一个鹳鸟的窝，端午节清早，有人爬到屋顶上想偷巢中的矾石，后来被押送到官府。寺庙中的僧人说：偷取这些矾石能卖很高的价钱，但是会影响寺庙的香火。据我国古代的药物书籍记载，矾石有很多种，但以汉川、武当和西辽等地鹳鸟巢中的矾石品质最好。

建州石

　　建州①石产土中，其质坚而稍润，色极深紫，扣之有声。间有豆斑点，不甚圆，亦有三两重石晕，琢为砚，颇发墨。往以石点作鸲鹆眼②，充端石以求售。

①建州：今福建省建瓯市。最早设立于东汉建安初年（196）。

②鸲鹆眼：也写成"鸜鹆眼"。指的是端石上的圆形斑点，很像八哥的眼。

【解读】

　　建州石产自福建省建瓯市的北苑凤凰山中，质地坚硬细润，叩击有声，主要是紫色。建州石的表面夹杂着豆子般大小的斑纹，斑纹的周围还有两三圈石晕。因为这种石头上有略圆的好似鸲鹆眼的斑点，很像端石，以至于有人用建州石冒充端石出售。

　　建州石主要分两种：一种质地细腻，但制成的砚台不发墨；另一种质地比较粗糙，但制成的石砚发墨较好。而质地细腻润泽且发墨良好的则几乎没有，正所谓鱼和熊掌不可兼得也。

汝州石

　　汝州①玛瑙石出沙土或水中，色多青、白、粉红，莹彻，小有纹理如刷丝。其质颇太②，堪治为盘、盒、酒器等，十余年来，方用③之。

【注释】

①汝州：今河南省汝州。隋文帝开皇四年（584）设立伊州，到隋炀
　帝时改为汝州。

②太：大的意思。

③用：流行。

【解读】

　　汝州石又叫作"汝石"，是玛瑙石的一种，生在深土中或者
水中，产地在河南的临汝、宝丰一带。这种石头的质地坚硬细腻、
通体透明，有鲜亮的光泽，但没有细密的纹理。汝州石的颜色主
要为青、白和粉红。汝州石质地比较坚硬，适合雕制成盘、盒等
器具。

下卷

钟　乳

广、连、丰、郴诸州①，多钟乳洞，乳汁点成石龟、蛇、蟾蜍、蟹、蠮螉及果蓏等形不一，坚质，或颜色如生。余顷年屡于洞中获此数种，考之本草载石蟹②，是寻常蟹，生南海。因年月深久，间化为石，每遇海潮，即飘出，又一般入洞穴年深亦然。因知钟乳点化无疑。

又

婺州金华县智者三洞产石，巉岩如雪，间有悬石如钟乳，色灰白嵌空。予顷于洞上获一石，大如拳，高数寸，若二龙交尾缠绕，鳞鬣爪甲悉备。中有数窍，因植溪荪，为好事者求去。亦疑钟乳点化所成。又洞中有石鼓、石磬，击之，各如其声。

【注释】

①广、连、丰、郴诸州：广，今广州；连，今广东连州；丰，今福建丰州镇；郴，今湖南郴州，最早设立于秦朝。

②石蟹：蟹的化石。

钟乳石水旱盆景

【解读】

　　钟乳石产自广州、连州、丰州和郴州等地的钟乳洞中，质地坚硬，光洁剔透，形状奇特，像乌龟、蛇、蟾蜍、蟹以及水果蔬菜。

　　钟乳石是岩洞缝隙中滴落的水滴溶解岩石形成的。据本草典籍记载，石蟹本是从南海漂游来的螃蟹，由于它们长期居住在洞穴中，最后竟然变成了石蟹。每次海水涨潮时，就会顺水漂走。由此可知，石蟹是经年累月由钟乳石慢慢演化而成的。

　　婺州金华县有个洞穴，叫作"智者三洞"，出产奇石。洞中有许多耸立的岩石，洁白如玉，偶尔也能见到倒挂的石头，好似钟乳，是镂空的。杜绾曾经在洞里捡到一块拳头大小的奇石，形

钟乳石盆景

状好似尾部缠绕在一起的两条龙，爪、鳞片、趾甲和须毛都很齐全。石头的中间有几处孔窍，杜绾在孔窍中种上了溪荪。杜绾怀疑这块石头是因为钟乳石常年滴落，水中的物质沉积而成的。除此之外，洞里还有好似石鼓、石磬等乐器的钟乳石，敲击时会发出和鼓、磬一样的乐音。

　　杜绾在鉴赏奇石的时候，已经超越当时认知能力的局限，开始考虑某些石头的地质成因，例如，他认为钟乳石是长时间地质积累所形成的。

饭 石

婺州东阳县双林寺①傅大士②道场③山中产石，凡有青、白、绿、紫色，皆莹彻，谓之饭石。石质细碎，堪治为素珠④，或作镇纸。

【注释】

①婺州：今浙江省金华市。东阳县：今浙江省东阳。双林寺：在浙江省义乌市佛堂镇的云黄山山麓，最早建造于南梁时期。

②傅大士（497—569）：字玄风，号善慧，东阳郡乌伤县人，又被叫作"双林大士"、"东阳大士"等，是我国南朝梁代禅宗著名尊宿。傅大士曾经三次晋见梁武帝，声名远扬。他开创了中国禅宗的原始宗风，把修学和社会统一起来，其心性论成为禅学的核心，被尊为中国维摩禅始祖，与达摩、志公并称为"梁代三大士"。他所倡导的儒释道三家和谐思想对后世产生了深远的影响。

③道场：供佛祭祀或修行学道的处所。

④素珠：佛珠。

【解读】

饭石又叫"数珠石"，产地在婺州东阳县双林寺附近的道场山。相传傅大士曾经在这里修行，以余饭饲虎，饭化而为石。这种石头属于磷矿石，晶莹剔透，比较碎小。其颜色主要是青、白、绿和紫色等，多被制成佛珠、镇纸。

墨玉石

西蜀①诸山多产墨玉，在深土中，其质如石，色深黑，体甚轻软。土人镌治为带胯②或器物，极润。

【注释】

①西蜀：今四川古为蜀地，因为在西方，所以称为"西蜀"。
②带胯：佩带上衔蹀躞之环，可以用来挂弓矢刀剑。

松下访友（墨玉石）

胡人洗马（墨玉石）

九龙三洗盆（墨玉石）

【解读】

　　墨玉石的主要产地是新疆、陕西和四川等地。这种石头深埋在地下，品质与和田玉接近。墨玉石的质地轻且发软，色重质腻，纹理细致。其主要是深黑色，漆黑如墨，光洁可爱，所以是治砚的上好原料。此外，墨玉石还多被雕琢成带钩、摆件等器物。

　　墨玉石具有悠久的历史，从秦代就开始开采，到了唐代时达到鼎盛。它与钻石、宝石、彩石一起被称为"贵美石"。

南剑石

> 　　南剑州黯淡滩出石①，质深青黑而光润，扣之有声，作砚发墨宜笔。土人琢治为香炉诸器，极精致。东坡所谓凤咮②砚是也。

【注释】

①南剑州：今福建南平市延平区一带。相传，"干将莫邪"在此"双剑化龙"而得名剑州、剑津，为了避免与四川的剑州区相混淆，所以叫作"南剑州"。黯淡滩：也写成"黯黮滩"，十分险峻。

②咮（zhòu）：文中是指成鸟之喙，即鸟嘴。

【解读】

　　南剑石产自现在的福建南平市延平区一带的黯淡滩。南剑石是水石的一种，质地润泽，叩击有声。南剑石主要是深青黑色，用它制成的砚台，易于发墨，能保护毛笔。苏东坡在《凤咮砚铭》中说："或以黯黮滩石为之，状酷类而多拒墨。"并说它"声如铜，色如铁。性滑坚，善凝墨"。文中的凤咮砚就是用南剑石制成的。此外，南剑石还可以雕琢成香炉等器物，非常精巧。

石　镜

永州祁阳县①，浯溪②山岩之侧，有立石一片，广数尺，色深青润，光可照物十数步，工人谓之“石镜”焉。杭州临安县③山中一石，光明如镜，颇同。

【注释】

①祁阳县：最早设立于东吴孙皓元兴元年（264）。
②浯溪：一条小溪，发源于双牌县阳明山，最后流入湘江。
③临安县：秦、汉时为会稽郡余杭县地，在上文已有介绍。

【解读】

石镜是观景石，产自湖南永州祁阳县城南浯溪山崖上，周长有几尺，颜色黝黑如漆，青润有泽，仿若镜子，所以人们称其为“石镜”。杭州的临安县山中也有一块光可照物的石头，和浯溪的石镜十分相似。

石镜是从唐代流传下来的，《清稗类钞·矿物》中也有记载：“祁阳之浯溪有镜石，高尺五寸，色黝黑如漆，光可鉴，隔江竹木、阡陌皆映见之。”

琅玕石

明州①昌国县沿海，近浅岸水底生琅玕，状似珊瑚，或高三二尺，尤繁茂，必击筏悬绳方得之。初出水，色甚白，经久微紫黑。纹理如姜枝，一律遍多圆圈迹，扣之有声，稍燥。土人不甚贵，西北远方往往多装治假山。

【注释】

①明州：今浙江宁波一带，最早设置于唐开元二十六年（738）。

【解读】

琅玕石产自浙江宁波一带的海底，质地发燥，敲击时会发出声音。其形状很像珊瑚，大概高二三尺。这种石头的纹理好似姜枝，上面有很多小圆圈。开采琅玕石必须乘木筏，采石人悬挂好绳子，入水打捞。琅玕石刚出水面的时候是白色，时间长了就变为紫黑色。人们常使用这种石头来装饰假山。

明代胡奎在《斗南老人集》中提到琅玕石："秋风昨夜起林皋，拾得丹山翠凤毛。拟约仙人吹玉管，九天环佩碧云高。天台四万八千丈，中有琅玕石山生禹穴，南来寻李白，丹霞翠雨满秋城。"

菜叶石

汉州郡①菜叶玉石，出深水。凡镌取条段，广尺余。一种色如蓝，一种微青，面多深青，斑剥透明，甚坚润，扣之有声。土人浇沙水以铁刃解之成片，为响板②或界方压尺③，亦磨砻为器。

【注释】

①汉州郡：今四川广汉。
②响板：一种乐器，是把两片贝壳形状的木片用绳子连接在一起。
③界方：镇书纸的文具。压尺：用来压纸的尺状文具。

金猪（绿泥石）

菜叶石产自四川广汉的深水中，质地坚硬，敲击有声。因为菜叶石主要是蓝色和青色，好似菜叶，故而得名。当地人用铁质器具把菜叶石拆成片状，制成响板、界方和压尺或其他器物。

除了菜叶石，四川境内还有一种和菜叶石相似的石头，叫作"绿泥石"。这种石头产于四川省泸州、宜宾等长江中上游河段，质地细嫩，表面光滑，十分坚硬，通常是绿色。实际上，绿泥石是玄武岩的一种，是在火山喷发后，经过后期蚀变形成的。

沧州石

沧州海岸沙中出石①，其质长短不等，色白如粉，似细条萦绕石面，谓之"络丝石"。甚软燥，而无声。每见装缀假山，余无所用。

【注释】

①沧州：今河北省沧州市。最早设立于北魏孝明帝熙平二年(517)。海：文中是指渤海。

【解读】

沧州石产自河北沧州靠近渤海的沙滩，质地较软，稍微发燥，敲击时没有声音。沧州石上面盘绕有纤细的条纹，所以又叫作"络丝石"。沧州石主要是白色，主要用途是雕砌假山。

方城石

唐州方城县石出土中①，润而颇软。一淡绿，一深紫，一灰白，石质不甚细腻，扣之无声。堪镌治为方斛②器皿，紫者亦堪做砚，颇精致发墨。

【注释】

①唐州：今河南省唐河县。方城县：文中指的是河南的方城，最早设立于北魏。

②方斛：桶。《广雅》中说："方斛谓之桶。"

【解读】

方城石也叫"黄石"，属于软玉石，产自现在的河南省方城县，质地温润如玉，比较软，敲击时不会发出声音。方城石纹理细密，有很多不同的形状，例如回纹、玉带纹、眉纹等。方城石的种类很多，常见的主要有青石、纯紫石、墨石、凤眼石、红云石等。其中凤眼石是最名贵的，这种石头好像凤眼，形状有圆形、椭圆形和圆环形等。方城石有淡绿、深紫、灰白等颜色，可以制成桶等器皿。此外，紫色的方城石还可以制作砚台，精巧细致，易于发墨。

登州石

登州①下临大海，有沙门、鼍矶岛②，多产黑白石，磨礲为棋子。又有车牛、大竹、小竹凡五岛③，惟沙门甚近。石有挺然而出者，颇焦枯，他处者紫翠。巉岩出波涛中，多秀美，五彩斑斓或如金纹者。熙宁④间，士大夫就诸岛上取石十二枚，皆灿然奇怪，载归南海⑤，为东坡称赏⑥。

【注释】

①登州：今山东半岛一带，最早设立于唐武德四年（621）。

②沙门岛：今山东庙岛群岛中的庙岛，古代用此岛来关押犯人。鼍矶岛：又叫作"龟矶"，位于山东蓬莱县西北一百三十里，沙门岛北七十里。

③大竹、小竹凡五岛：今山东长岛县东北、大竹岛西北十里小竹岛。

④熙宁：北宋神宗的年号，时间是1068—1077年。

⑤南海：设置于秦始皇三十三年（前214）。

⑥为东坡称赏：这里指的是苏东坡《北海十二石记》中记载的事。

【解读】

登州石产自山东半岛附近的岛屿。其中沙门岛和鼍矶岛上的石头质地坚硬,只有黑、白两色,可以用来制棋子。除了沙门岛和鼍矶岛以外,附近还有车牛、大竹、小竹等岛屿,其中沙门岛上的石头从水面挺拔而出,上面还有金黄色的纹理。宋熙宁年间,有人来到这里,挖掘了十二块石头,并把它们运到海南。这些石头璀璨夺目,苏东坡看到后,大加赞赏,并作《北海十二石记》。

鼍矶岛西侧的清泉池有一种青黑色的石料,这种石头质地坚硬,上面有闪烁的金星纹,经加工后,就制成了鲁砚。后来这种石头被作为贡品进献给皇宫。清乾隆皇帝曾经写诗赞道:"砣矶石刻五蟠螭,受墨何须夸马肝。设以诗中例小品,谓同岛瘦与效寒。"

鼍矶岛出产盆景石,石头上有蓝白相间的条带状纹理,用来制作盆景,十分精美,有的好似万泉争流,气势磅礴;有的似白云绕峰,缥缈神奇。砣矶岛还出产彩色石,色彩斑斓,有赤、橙、黄、绿、青、紫、黑、白等颜色,自然形成的美妙图案犹如泼墨山水画,令人神往。

玉山石

　　信州玉山县①，地名宾贤乡，石出溪涧中，色清润，扣之有声。采而为砚，颇剚墨②。比来③裁制新样，如莲、杏叶，颇适④人意。

【注释】

①信州：今江西上饶。玉山县：今江西上饶的玉山县。
②颇剚墨：容易磨墨。

铁骨铮铮写春秋（玉山石）

③比来：近来，近时。
④适：符合，合乎。

【解读】

玉山石出产于今江西上饶的玉山县，生在溪水中，质地坚硬，轻轻叩击时会发出声响。其颜色清亮温润，制成石砚容易出墨。宋代时，人们用这种石头制成样式新颖的砚台，有莲花和杏叶等形状，颇受人们的喜爱。

玉山石的外形、颜色与歙石十分相似，以至于有人将二者混淆。但实际上二者还是有很大区别的：一般来讲，玉山石质地较为柔软，而歙石则比较坚硬；用玉山石制成的砚台不易发墨，价值远不如歙石。但玉山石温润细腻，所以也深受收藏者喜爱。

雪浪石

中山府①土中出石，色灰黑，燥而无声，混然成质。其纹多白脉笼络，如披麻②旋绕委曲之势。东坡顷帅中山③，置一石于燕处④，目之为"雪浪石"。

【注释】

①中山府：宋政和三年（1113）升定州置，包括现在的河北定州、唐

留存至今的苏东坡雪浪石（图片提供：FOTOE）

县、新乐、顺平、望都、曲阳、无极等地。

②披麻：又叫作"麻皮皴"，中国画山石皴法之一。明末清初的著名画家龚贤在《画诀》中说："皴法名色甚多，惟披麻、豆瓣、小斧劈为正经。"

③东坡顷帅中山：苏轼曾经先后被贬官到定州和英州。

④燕处：燕通"宴"。文中是指宴会的地方。

【解读】

雪浪石产自中山府，质地干燥，叩击时不会发出声音。雪浪石上纹理十分清晰，白色的纹路盘绕在黑色、灰色的石面上，好似天然的山水画。雪浪石主要是灰黑色，大小不一，大的可放在园林中，小的适宜陈列在案头。

苏东坡被贬定州时，偶然得到了一块这样的石头，十分喜欢，把它陈放在客厅，命名为"雪浪石"。苏轼作诗赞道："俄倾三章迄越州，欲寻万壑看交流。且凭造物开山骨，已见天吴出浪头。履道凿地虽可致，玉川卷地若为收。洛阳泉石今谁主？莫学痴人李与牛。"江苏南京的瞻园内藏有一块雪浪石，石头的左下角有"东坡居士"四个字。

杭　石

杭州石出土中，色多洁白，扣之无声。其质

无峰峦，磊磈。若桃李大，尖锐或如朱砂①，有棱角，望之光明精莹，宜装缀假山，小有可观。

【注释】

①朱砂：又叫作"丹砂"，是一种矿物。古代方士炼丹的主要原料之一。

【解读】

杭石产自杭州，质地较硬，晶莹剔透，轻轻叩击不会发出声音。杭石没有跌宕的山峰，只是简单地堆积在一起。它和桃李的大小相差无几，棱角分明。杭石主要是白色，具有很好的观赏性，被用来装饰假山。

大沱石

　　归州石出江水中①，其色青黑，有纹斑，斑如鹧鸪，质颇粗，可为砚。土人互相贵重，峡②人谓江水为"沱"③，故名"大沱石"。

【注释】

①归州：今湖北宜昌一带。江水：指长江。
②峡：长江三峡。
③沱（tuó）：长江各支流的统称。

中国（三峡石）

风景如画的长江三峡（图片提供：微图）

【解读】

　　大沱石产自湖北宜昌一带的长江中，质地粗糙，上面有好似鹧鸪的斑驳纹理。大沱石主要是青黑色，可以用来制作砚台。由于长江三峡附近的人们把从这里入江的支流叫作"沱江"，所以这种石头就叫作"大沱石"。

　　唐宋时期，大沱石深受文人墨客的青睐，许多诗文中都有所记载。例如，宋代朱长文在《墨池编》中说："秭归州秭归县大沱石，叩之无声，石色苍黄者不甚坚，正绿者乃坚。其理微少温润，上皆有文如林木之状，又如以墨汁洒之者。亦有圆径一二寸如月状，其中亦有林木之文。独色绿者其中复有黄绿之相错，如青州姜石。至琢为砚，远者经月，近者浃旬，往往有文断裂，幸而完者十亡一二。论其发墨，则过于端、歙石，而资质润泽乃不逮也。此石世人罕有知者。"他详细记述了大沱石的声音、色泽、质地、纹理、制砚、发墨等特点。米芾的《砚史》中也记载："理有风涛之象，纹头紧慢不等，治难平。得墨快，渗墨无光彩。色绿，可爱如蒉，色澹如水苍玉。"

三峡彩画石

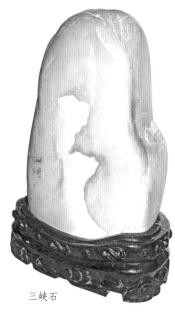

三峡石

青州石

青州①石多紫，产深土中，可琢为砚，其质稍粗，不堪发墨。土人多用之。

【注释】

①青州：《禹贡》所载九州之一，指的是今泰山以东至渤海的广大地区。

【解读】

青州石又叫作"青州怪石"，主要产地是山东省潍坊市。这种石头的质地较为粗糙，但晶莹剔透，大多是比较细碎的块

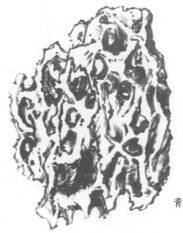

青州石

状，高大者十分少见。多数青州石上都有窍眼，刚开采出来时，里面有泥土，需要先用水把泥土冲去，然后再用毛刷刷净。

青州石有紫、灰、棕、黑等颜色，其造型是自然形成的，是园林建设的佳料。此外，青州石还可以雕琢成砚台，但不易发墨。

《云林石谱》上卷中也出现过青州石，描述得较为详尽，可能是杜绾亲自考察过的。本条青州石的描述简单，专指青州地区的青石，可能并非杜绾亲眼所见。

龙牙石

潭州宁乡县石①产水中，或山间，断而出之。多龙牙，色紫稍润，堪治为砚，亦发墨，土人颇重之。

【注释】

①潭州：今湖南湘乡，古代多指今湖南大部分地区和湖北的部分地区。宁乡县：今湖南长沙宁乡县。

【解读】

龙牙石产自现在的湖南省长沙市宁乡县，质地莹润，石上倒竖的尖峰好似林立的龙牙一样。龙牙石是紫色的，制成砚台，研出的墨浓郁亮泽，深受人们喜爱。

石棋子

鄂州①沿江而下，阳罗洑②之西，土名石匮头，水中产石，如自然棋子，圆熟扁薄，不假人力。黑者宜试金，白者如玉温润。山下有老姥，鬻③此石以为生，相传神怜妪，故以此给之。

【注释】

①鄂州：今湖北武昌，最早设立于秦始皇二十六年（前221）。
②阳罗洑：也叫作"阳罗堡"，在今湖北黄冈以西。
③鬻（yù）：卖。

【解读】

湖北武昌附近阳罗洑西面有一个叫作石匮头的土丘，石棋子就产自此处。因其形状好像围棋子，故名。这种石头有黑、白两色，其中黑色的石头质地坚硬，像金属；白色的石头晶莹润泽，像玉一样。石棋子与雨花石十分相似，历来被广大收藏者所喜欢。

分宜石

　　袁州分宜县江水中产石①，一种紫色，稍坚而温润，扣之有声，纵横不过六七寸许，惜乎地远稀罕，不可常得。土人于水中采之，琢为砚，发墨宜笔，但形制稍朴，须藉镌砻。

【注释】

①袁州：今江西宜春万载县。分宜县：古时吴、楚的地域，后来属于袁州府宜春县。

【解读】

　　分宜石产自今江西宜春万载县的江水中，质地坚硬润泽，叩击时会发出响声。分宜石的大小不过六七寸，主要是紫色。分宜石制成砚台，易于发墨，不伤毛笔。只是这种砚台的形制太过古朴，所以需多加雕琢。

浮光石

光州①浮光山石产土中，亦洁白，质微粗燥，望之透明，扣之无声，仿佛如阶州②者。土人琢为斛器物及印材③，粗佳。

【注释】

①光州：今河南信阳潢川，最早设立于梁武帝太清元年（547）。
②阶州：今甘肃陇南一带。
③斛：古量器名，十斗为一斛。印材：制作印章的材料。

【解读】

浮光石产自现在的河南信阳潢川，质地粗糙发干，通体透亮，轻击无声，和阶州的石头相似。当地人主要用这种石头制作印章和斛。《云林石谱》中收录的能做印章的石头还有阶石、蛮溪石、石州石等，这几种石头的质地都比较软，容易刻画，能很好地表现文字笔画的粗细变化，所以深受治印人的喜爱。除了制印，石州石还可以"刻为物像及器物"，阶州石可以"装制砚屏，莹洁可喜"。